IMAGE
OF CHINA
TOP BUILDINGS
COMPLEX REAL ESTATE, RESIDENTIAL
BUILDING FACILITY, COMMUNITY WITH GARDEN

映像中国·顶级楼盘 III
复合地产，楼盘配套，花园社区

上海中讯文化传播有限公司 上海福义文化传播有限公司　主编
深圳市博远空间文化发展有限公司　　组织编写

中国林业出版社

图书在版编目（ＣＩＰ）数据

映像中国·顶级楼盘 3，复合地产、楼盘配套、花园社区：汉英对照 / 深圳博远空间组织
编写 . —— 北京：中国林业出版社，2012.3
　　ISBN 978-7-5038-6475-9

Ⅰ . ①映… Ⅱ . ①深… Ⅲ . ①建筑设计 – 作品集 – 中国 – 现代 Ⅳ . ① TU206

中国版本图书馆 CIP 数据核字 (2012) 第 007705 号

中国林业出版社·建筑与家居图书出版中心
责任编辑：李 顺　成海沛
出版咨询：　（010）83223051

出 版：中国林业出版社（100009 北京西城区德内大街刘海胡同 7 号）
网 站：http://lycb.forestry.gov.cn/
印 刷：利丰雅高印刷（深圳）有限公司
发 行：新华书店北京发行所
电 话：（010）83224477
版 次：2012 年 4 月第 1 版
印 次：2012 年 4 月第 1 次
开 本：889mm×1194mm 1 ／ 16
印 张：19.5
字 数：200 千字
定 价：318.00 元

INTRODUCTION
序言

"人生不过是居家，出门，又回家，我们一切的情感，理智和意志的追求或企图不过是灵魂上的思乡病，想找一个人，一件事，一处地位，容许我们的身心在这茫茫的世界上有个安顿的归宿。"——钱钟书《写在人生边上》

这是个浮躁的年代。城市的天空下，每个人怀揣着梦想，在欲望的浮沉中跌跌撞撞，繁华的背后是不能言说的伤。宅年代，我们习惯了孤独，习惯了自我疗伤。在那个供我们疗伤的叫做"家"的地方，我们放下行囊，卸下伪装，洗净满身风尘，在镜中发现真实的自己，如孩童般的纯洁与忧伤。

诗人海子说："我有一所房子，面朝大海，春暖花开。"

每个人心中都有一个属于自己的"Dream Home"，那是我们灵魂栖息的地方，是我们每个人对人生的理想和追求的潜意识表达。不同的群体有不同的追求，多元的时代孕育出多元的梦想。这梦想与现实之间的距离是心到手的距离。设计师的存在让这距离消失，如同一个魔术师，用最美妙的创意变幻出人们心目中最诗意的栖居。

人是万物的尺度。各种风格迥异的楼盘契合了不同人群的心理需求。不同的设计风格引领着人们不同的"回家的路"。然而，顶尖的楼盘设计带给人们的必然是巅峰的感受。优秀的设计不只是一种自我表达，更是一种情感的沟通和人文的关怀，体现的是设计师对社会的洞察，对人性的理解。人们置身其中，宛若置身于一个虚实相生的梦境，在穿越与回归的感动中触摸到心底最柔软的部分，在每晚深沉而甜美的梦境中找回生命最初的澄净。这是建筑的情感，向人们传达着一种爱和艺术的美丽。设计的追求在这里找到完美的和谐，设计的灵魂在这里体验到生命的喜悦。

顶尖引领潮流，卓越铸就精品。本书从全国数千优秀稿件中精心筛选，挑选出当下最能引领楼盘发展趋势的顶尖新楼盘，通过别墅，低密度，小高层，高层以及综合楼盘等几乎涵盖楼盘的所有类型按照不同风格进行编排，专业而清晰的脉络编排，独特而艺术的归纳说明，不论是精美的图示，还是专业的行文，都力图运用最独特的视角，充分挖掘楼盘在建筑设计和景观规划中的特色元素以及超越实用之上的艺术品位，这正是追求卓越的品质所在。

本书的成功出版来自于国内外知名设计师，建筑设计事务所，全国各地知名开发商的大力支持，希望给读者带来专业的高品质阅读享受和艺术鉴赏的愉悦心情。

Human live is nothing more than a show of domestic privacy, getting out and then back in home, all our wills toward owned senses is purely a homesickness of souls. To be offered with somebody, something or being in somewhere, we just want to relax ourselves in a home no matter how the world changes. ---<The Marginalia of Life>written by Ch'ien Chung-shu

With agitated life in the thriving center and treasured dreams in brilliant desires,we gradually get used to the loneliness and self-healing in the otaku times. Thus, in a space we called it home, we take off the struggling life, find our ture colors, which is so pure and artless just like the childhood times.

The poet Hai Zi have said,"I am possessing a house, Facing the sea with spring blossoms"

Everyone has a dream home in their heart where the soul living in there. The desire toward a home is an unconcious expression of our ideality and persuits. Different times and diffsrent people have variety dream homes. The distance between dream and real life is just like the way from fingers to heart. Designers make the distance vanished, just like a magician, do with magical ideas to creat us a poetic home.

Man is the measure of all things. Various styles of house reflect people's colorful inner needs of life. Top-rate house design will take people to a wonderful and overwhelming sense. A great design is not only a self expression of desiner but even the care and communication between people and people. It shows concerns and understanding of designers to society and human life. Thus people stay in the house is seem to in dreamlike air, the feeling of returning touched our soft heart. This is a emotion from the building, which spread the beauty of art and love to people. Then the persuit of design reached the best and the creative ideas experienced a vivid life.

The selected projects contained in this book are collected from southands architects. It edited accoding to villas, low densities, small high-rises, the hign-rises and complexes in various styles. The clear and professional context layout and summarization with the most exquisite sense expressed the marrows of designers' ingenious ideas.

This book is published with full supports of international top architects, well-known developers and famous designers all over the world in order to give you a pleasant experience of beau.

编者
Editor

098

072

014

026

目录

CONTENTS

复合地产，楼盘配套，花园社区
**Complex Real Estate, Residential Building Facility,
Community With Garden**

南京国信秦淮绿洲

GUOSEN QINHUAI
OASIS, NANJING

"新独院" 城市别墅
The New Garden City Villa

占地面积：300000 平方米
建筑面积：164000 平方米
容积率：0.55
绿化率：44%
开发商：南京国信地产开发有限公司
建筑设计：华森建筑与工程设计顾问有限公司
景观设计：美国 TOPO 建筑环境设计公司
户 数：324 户
项目特色：宜居生态地产
建筑类别：联排、叠拼
项目位置：南京江宁宏运大道 2288 号

Occupied Area: 300000 m²
Building Area: 164000 m²
Plot Ratio: 0.55
Greenery Ratio: 44%
Developer: Nanjing Guosen Real Estate Development Co., Ltd.
Architectural Design: Huasen Architectural & Engineering Designing Consultant Ltd.
Landscape Design: TOPO Architecture & Landscape Design Co., Ltd.
Number: 324
Project Characteristics: Livable Ecological Real Estate
Building Category: Townhouse, Superimposed
Project Location: Nanjing Jiangning Hongyun Avenue No.2288

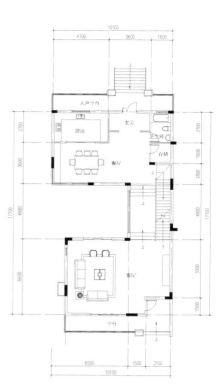

A2 户型 270m² 一层平面图

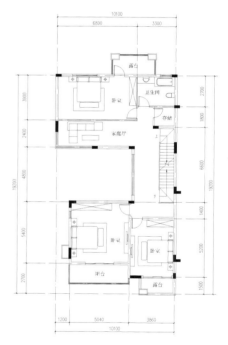

A2 户型 270m² 二层平面图

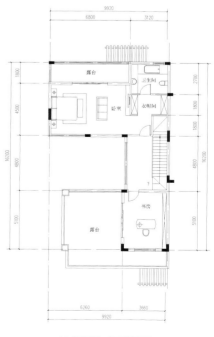

A2 户型 270m² 三层平面图

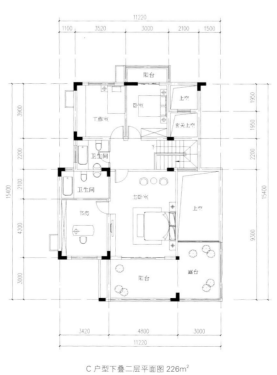

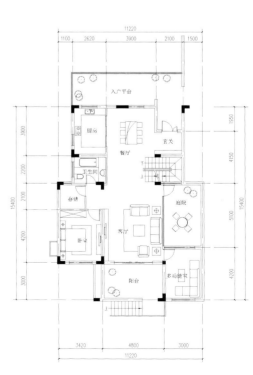

C 户型下叠二层平面图 226m²

C 户型下叠一层平面图 226m²

国信秦淮绿洲项目由实力雄厚的开发商——国信地产独立开发。项目坐落于南京市江宁东山镇城北路，北沿路口。项目占地面积300000m²，规划建筑面积164000m²。项目分二个阶段开发，规划先期开发南地块，占地112148m²，规划总建筑面积约59730m²。以新独院联体别墅、江南宽House为主力产品。配以少量独栋、双拼和叠加别墅，小区共311户。

建筑设计以现代主义风格为基调，融合欧式古典语汇，外立面以石材、面砖、涂料搭配而成，将成为江宁联体别墅璀璨亮丽的建筑新景点。国信秦淮绿洲——新独院联体别墅的单体优势，超大视野设计，面宽7.5m至8.4m，面积178m²-250m²，房型设计以人为本；由四房二厅四卫——五房三厅四卫大主卧（双主卧），室内大空间，客厅高度4.2m至6m，大露台，窗户采用中空玻璃，户户有车位，以实用为准则。合理空间过道布局，更能体现主人的成就和建筑设计的大师风范。

小区环境设计由美国TOPO建筑环境设计公司亲自担纲总体景观设计。基地以原生态环境、河流为蓝本，融合社区的生活配套，成为具有特色小区水景、中心绿地广场、端景、艺术小品、组团共享的绿化。联体别墅的私家花园，园中有园、园外有园、景中寓景、移步换景、户户之间以矮墙为界。用花木形成自然间隔，在保护私密同时充分发挥公共空间的开放性，融合性，交流性。基地以原生态环境、河流为蓝本，融合社区的生活配套，成为具有特色小区水景、中心绿地广场、端景、艺术小品、组团共享的绿化。

复合地产，楼盘配套，花园社区
Complex Real Estate, Residential Building Facility, Community With Garden

中信山语湖 A1/A2 区

CITIC MOUNTAIN VOICE LAKE A1. A2 AREA

地中海风情花园小镇
Mediterranean Style Garden Town

占地面积：23.27 公顷
建筑面积：95700 平方米
容积率：0.41
绿化率：60%
开发商：中信保利达地产（佛山）有限公司
建筑设计：澳大利亚柏涛设计咨询有限公司
景观设计：加拿大奥雅景观规划设计事务所
户　数：220 户
项目特色：豪华别墅居住区
项目位置：广东省佛山市南海区里水镇和顺美景大道

Occupied Area: 23.27 ha
Building Area: 95700 m²
Plot Ratio: 0.41
Greenery Ratio: 60%
Developer: Citic Baolida Real Estate(Foshan) Co., Ltd.
Architectural Design: Australia Peddle Thorp Design Co., Ltd.
Landscape Design: L&A Urban Planning and Landscape Design(Canada) Ltd.
Number: 220
Project Characteristics: Luxury Villa Living District
Project Location: Guangzhou Foshan Nanhai District Lishui Town Heshunmeijing Avenue

项目概况

中信山语湖 A1.A2 区项目位于佛山市南海区里水镇内，东侧紧邻美景大道，西临保护山体，南北两侧各有美景水库和天竺水库，总用地面积约23.27ha，全部为居住用地。用地周边景观资源丰富，除西侧山体外，两个水库成为规划区的重要景观资源，尤其是南侧的天竺水库，紧邻 A1.A2 区用地，在其周围布置了低密度高档住宅，力图打造一片环境幽静的社区。用地内还布置了一条带状的文体公园，贯穿场地之中，成为景观的核心元素之一，通过因借外部的带状文体公园以及内部氛围的塑造，创造出一种具有亲切社区感的住区。A1.A2 区总建筑面积约为 95700m²。

A 户型一层、二层平面图

B 户型一层、二层平面图

总图及规划设计

（一）竖向、道路及消防设计

A1.A2 区用地位于整个山语湖项目用地的东南部，地形略有起伏，场地由西北向东南逐渐降低，西北部场地内地势存在高低变化，局部有高点，东南侧相对较平坦。因此本规划方案以地形及场地周边条件为依托，通过合理的竖向及道路设计，将 A1.A2 区塑造成因地势呈坡向扩展的社区。

A1.A2 区内的道路系统根据住宅类型采用了恰当的方式。区内以机动车道直接入户，规划了环形加尽端式的车行道路系统，作为主要交通方式。此外，社区内又布置了一系列步行景观道，作为社区内的居民休闲散步的主要道路，使其更具有亲切感和社区感。区内皆布置低层住宅，并呈组团式设计，利用小区机动车道作为消防车道外，在满足消防规范的前提下不影响景观的设计。区内所有道路的坡度均小于 8%。

（二）建筑布局：

本规划根据不同的地形条件及设计要求，在区内以大组团结合小组团的方式来布置，并紧密围绕南侧的天竺水库，注重岸线及竖向设计，增强归属感，创造出良好的居住氛围。

景观设计

本方案所倾力打造的是一个具有地中海风情的小镇式生活社区。因此，强调组团性、小尺度成为本规划方案的基调。

区内以围合式大组团作为基本手法，在其核心部分安排了公共绿地，作为重要的景观元素，并以休闲步道将其与滨水平台联系起来，充分利用了水体这一景观资源。围绕场地周边的带状文体公园为社区创造了另一个景观资源，创造了关键性的景观面，打造出一道靓丽的社区风景。

建筑单体

本规划方案以组团性、小尺度的住宅设计元素为出发点，以地中海风格为设计手法，结合水景，塑造出具有生活气息的休闲居住社区。

本规划以地中海沿岸的住区为源点，充分考虑了自身定位与情景氛围的塑造。在建筑风格上，借鉴地中海沿岸的传统建筑架构，对其语言体系进行了提炼，并融合了现代设计手法，既具有温馨、优雅的居住氛围，又符合现代人的审美倾向。住宅建筑通过错落有致的露台、阳台、格架、屋顶等元素及细部的锤炼，凸现出组团式居住的情景特征。

明月山溪

MOONLIGHT PARADISE

东方风情现代中式城市豪宅
East Style Modern Chinese Style Mansion

占地面积：432000 平方米
建筑面积：315000 平方米
容积率：0.80
绿化率：40.20%
开发商：从化方圆房地产发展有限公司
建筑设计：深圳华森建筑与工程设计顾问有限公司
户 数：总户数 400 户
项目特色：低密居所、中式地产
项目位置：广州从化温泉镇明月山溪大道

Occupied Area: 432000m²
Building Area: 315000m²
Plot Ratio: 0.80
Greenery Ratio: 40.20%
Developer: Conghua Fangyuan Real Estate Development Co., Ltd.
Architectural Design: Shenzhen Huasen Architectural & Engineering Designing Consultants Company Limited
Number: Total 400 Households
Project Characteristics: Low Density Community, Chinese Real Estate
Project Location: Guangzhou Conghua Wenquan Town Mingyue Shanxi Avenue

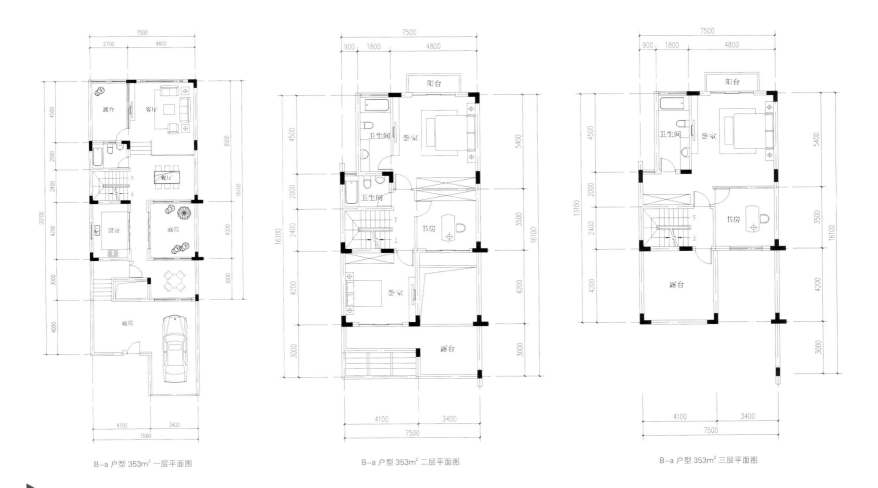

B-a 户型 353m² 一层平面图　　　　　　　　B-a 户型 353m² 二层平面图　　　　　　　　B-a 户型 353m² 三层平面图

▶

　　明月山溪是方圆集团进军从化的第一个项目，结合了项目的地形地貌和原生态资源，打造一个具有中式特色、东方风情的大型高档社区。项目总占地 432000m²，建筑面积约 315000m²，容积率仅为 0.8，为低密度高端别墅楼盘。项目共分六期开发建设，已推出文明里、诗书里两个别墅组团，及荔湾里洋房组团。即将推出全新泳池精装溪谷独栋别墅风雅颂，其余两期产品将在今年陆续推出市场。

　　在产品类型方面拥有从别墅到洋房的丰富产品线。项目位于著名的温泉度假区从化温泉镇，地块三山环绕，南望流溪河，同时拥有古榕树、荔枝林、毛竹林等丰富的原生态资源，更可随时享用珍稀的含"氡"温泉水。

　　项目户型多样化，独立别墅、联排别墅和洋房等产品组合错落有致地排列，与山体水景相融合。户型具有吸纳景观和向自然开放的共性，能充分利用大自然的天然"氧吧"。

▶

    在产品设计方面，从化明月山溪设计尊重传统居住文化，同时体现出现代的生活方式。产品保留着带有明显传统特征的内庭院，在增加采光通风面的同时，形成前、中、后三重庭院的空间结构。其私密空间与公共空间分层分区，使得各功能房间动静相宜，互不干扰；住宅赠送多个露台，为住户提供多种休闲空间；半地下室通过利用地面的高差获得采光通风，成为可塑性极强的空间，增加了别墅户型的附加值和舒适感。

    在园林设计方面，从化明月山溪以自然山水为园林主风格，项目依山势坡地建设一个大型生态中心湖，形成天然的山水自然景观，组团园林结合项目的原生态资源，融入传统中式园林特色，以现代表现形式来体现中式园林的内涵。

    在规划设计上，本着"依山就势，随高就低"的原则，围绕中心开敞空间，以绿色空间为纽带，依据地理环境，建筑灵活布置，特点是以绿地系统为骨架，以环境为触媒，将建筑组群用水面或绿带分隔，形成一个连续的开放空间体系。体现了居住区以环境生态为主导的规划思想，保证了"山水优先"设计意念的实现。

社区配套方面，集合了生活、休闲、文化、养生等多种功能，包括已开放启用的岭南风情商业街、超市、公交车站等，以及规划筹建中的幼儿园、半山豪华会所等等。社区内还规划设有亲子中草药种植园，并在荔湾湖周边沿湖步道围绕着"春、夏、秋、冬"四个主题种植了不同时节适合进补的各类养生花卉或中草药植物。

复合地产，楼盘配套，花园社区
**Complex Real Estate, Residential Building Facility,
Community With Garden**

苏州招商依云水岸二、三期

CHINA MERCHANTS FVIAN TOWN PHASE II & III, SUZHOU

时尚简约"现代江南"风情社区
Fashion Simple Modern Jiangnan Style Community

占地面积：22000 平方米
建筑面积：76212 平方米
容积率：1.0
绿化率：60%
开发商：招商地产
建筑设计：华森建筑与工程设计顾问有限公司
户 数：总户数 1078 户
项目特色：水景地产，中式大宅
建筑类别：联排、叠拼中式别墅
项目位置：苏州市相城区阳澄湖东路 98 号

Occupied Area: 22000 m²
Building Area: 76212 m²
Plot Ratio: 1.0
Greenery Ratio: 60%
Developer: China Merchants Real Estate
Architectural Design: Huasen Architectural & Engineering Designing Consultant Ltd.
Number: Total 1078 Households
Project Characteristics: Waterscape Real Estate, Chinese Style House
Building Category: Townhouse, Superimposed and Semi-detached Chinese Style Villa
Project Location: No.98 East Yangchenghu Road, Xiangcheng District, Suzhou

A3 户型一层平面图

A3 户型二层平面图

A3 户型三层平面图

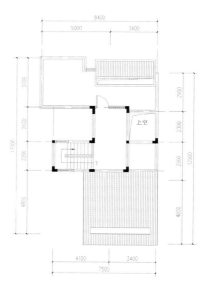

A3 户型四层平面图

　　招商·依云水岸—阳澄湖畔、高尔夫旁、市区最大纯净 TownHouse 花园别墅社区。项目总占地 220000m²，位于苏州市相城区阳澄湖东路，与 18 洞中兴高尔夫球场一路之隔，东南面与 3800 亩阳澄湖相望，西北角天然小河静静流过，环境优美宁静。周边有相城体育中心、会展中心、四星级酒店、大卖场等完善配套。

风格时尚现代 简约气派 演绎"现代江南"风情

　　项目占地 220000m²，产品以联排别墅和花园洋房为主，规划将天然河道引入项目，穿过整个小区流进阳澄湖，形成约 600m 风情别具的水岸景观。由国际级大师担纲的建筑设计，风格时尚现代，简约气派，倾情演绎"现代江南"风情。

　　小区建筑设计简洁时尚，充满现代感，同时充分考虑"江南情调"和空间及尺度处理，演绎出全新的"现代江南"风情。

600m 的水岸景观

　　项目在规划上，将天然河道引入小区，在小区内形成约 600m 的水岸景观，最后流入阳澄湖。秉承招商"绿色地产"的开发理念，充分融合项目周边优美宁静的自然环境，精心打造自然和谐品味高雅的中产阶层栖息地。

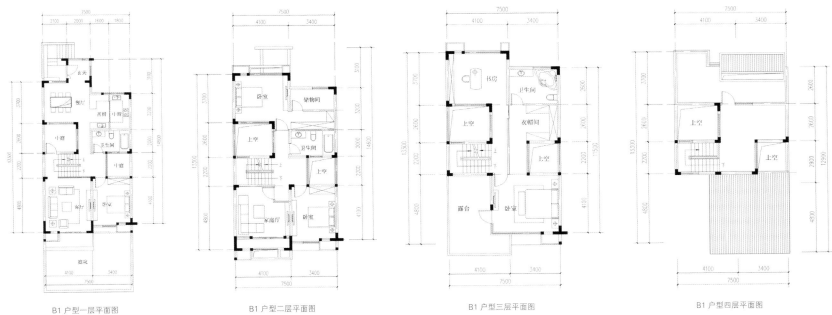

B1 户型一层平面图　　　　　　　B1 户型二层平面图　　　　　　　B1 户型三层平面图　　　　　　　B1 户型四层平面图

▶

五大风格样板房及样板展示区

招商依云水岸，这个市区最大的纯净 TownHouse 社区，其五大风格样板房分别从金、木、水、火、土五行阐述五大风格，简洁现代、风格迥异、概念与生活完美结合，样板区真实的反映出用西方国际居住理念重新定义传统江南风格的现代国际居住方式。

绿化式自然中庭设计

依云水岸，采用前院、中庭、后院和空中花园，一宅四院的花园别墅规划，绿化式自然中庭设计，保证充足的采光和通风，把风景真正的引入消费者的生活中去，随时享受明媚日光浴。中庭式设计使得现代建筑形式与苏州传统园林设计完美结合，用现代的元素诠释传统江南的尺度，使风景、阳光、空气与室内各功能间充分沟通，真正做到室内多角度借室外景的结合。

复合地产，楼盘配套，花园社区
**Complex Real Estate, Residential Building Facility,
Community With Garden**

桂林丽景 5 号公馆一期

GUILIN LIJING NO.5
RESIDENCE (PHASE 1)

简洁现代，原生态山水豪宅
Simple Modern, Ecological Scenic Mansion

占地面积：93332 平方米
容积率：0.5
绿化率：60%
开发商：桂林市强盛房地产公司
建筑设计：都林国际设计（上海）公司
项目特色：山水别墅
项目位置：秀峰区桃花江路 5 号

Occupied Area: 93332m²
Plot Ratio: 0.5
Greenery Ratio: 60%
Developer: Guilin Qiangsheng Real Estate Co., Ltd.
Architectural Design: Dblant Design International Co. Ltd.
Project Characteristics: Scenic Villa
Project Location: No.5 Taohuajiang Road, Xiufeng District

　　丽景·5号公馆坐落于桂林市中心最大的原生态风景区——桃花江风景区。项目靠山面水，前临桃花江，坐拥 700 m 原生江岸和无限的田园风光；背靠连绵起伏的西山，地理位置得天独厚。丽景·5号公馆是离桂林市中心最近的原生态亲水顶级豪宅。

　　秉承"有机建筑"的设计理念，借鉴"流水别墅""与自然共生"的建筑设计思想，打造出了山水名城中心区域的居住佳作。

　　整体沿袭欧美现代建筑设计手法，形体简洁明快，通过颜色材料强调水平线条，以桂林山水相得益彰。七栋别墅均无雷同，追求个性居住体验。

　　5# 别墅——树

　　基地内有两颗保留树木，鉴于对保留树木的考虑，将建筑分为两个体量，与树木穿插布置，使树木融入建筑一体，形成很有特色的小景观。

　　建筑地上 3 层，地下 1 层。地下室布置视听室、健身房、台球房及佣人房。一层为厨房、餐厅、客厅、书房。二层为卧室。三层为主卧室。

　　整个建筑具有 180° 广阔视野。

　　6# 别墅——深静

　　设计灵感来源于现代主义建筑的经典作品之一——萨伏伊别墅，位于巴黎郊区，由现代建筑大师勒·柯布西耶于 1928 年设计。

　　深朴简静，简洁而不单调。安卧于江边栈道，任诗画的意韵汩汩流淌。

　　（1）简洁的装饰风格——相对于之前人们常常使用的繁琐复杂的装饰方式而言的，其装饰可以说是非常的简单；建筑表面平整，形体也比较简单；然而从不同的方向看过去，都可以得到完全不同的印象，这使建筑外观显得甚为多变。这种不同不是刻意设计出来

的，而是其内部功能空间的外部体现。这个别墅采用现代主义手法设计，并重视简单的外部装饰和使用功能。

　　（2）纯粹的用色——别墅的外部装饰主要采用白色，这是一个代表新鲜的、纯粹的、简单和健康的颜色。

　　（3）开放式的室内空间设计和动态的、非传统的空间组织形式。

　　7# 别墅——沉睡

　　憩居在都市中心最稀有地段，淡定的心怀涟漪泛起，陶醉在世外桃源的温馨里，谱写心底最华美的乐章。

　　在进行该别墅单体设计时充分考虑了用地在总图中的位置、朝向及周边道路、河流和建筑的关系，在布置建筑时将住宅分为东西两个单体，中间由大面积落地玻璃作为维护的廊子连接两个单体。无论在空间或体块分布都与用地互相呼应，结合完美，而相互独立的两个单体的设计特色在于创造安稳平静的居住空间于一座处于自然景致之中的开放花园内，并且两个单体都得以观赏南边的江景。

　　建筑在造型和立面设计上采用现代主义的设计风格。建筑的轮廓线条几乎全部采用直线和方形体块，忠实地反映出功能决定形式的现代建筑理论。别墅的开窗也采用了不对称的手法，而是将立面作为背景，运用构图法则进行开窗，从而使建筑在各个方位看过去都显得丰富且具有整体性。

　　8# 别墅——曲径逸趣

　　别墅由两个呈一定角度的体量组成，与院墙围合成一个小的内院，主入口需通过一条蜿蜒小径到达内院，方可进入。整个流线步移景异，趣味横生。

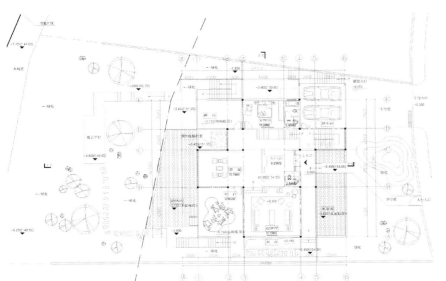

5号别墅一层平面图

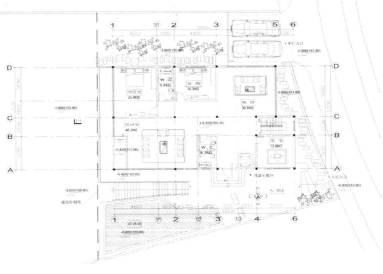

4号别墅一层平面图

▶

建筑地上 3 层，地下 1 层。地下室布置视听室、健身房及佣人房。一层为厨房、餐厅、客厅。二层为卧室、家庭起居室。三层为主卧室及书房。

整个建筑采用了现代的设计风格，墙面材料以灰色石材和白色涂料及木为主。沿江一侧的房间采用大面积开窗，使建筑更显通透，房间视野更好。

9# 别墅——悬浮：灵感来源于在宾夕法尼亚州的流水别墅，含蓄内敛，豪华而不张扬。

"把家轻轻放在大自然中"的设计理念，将中国山水住宅、北美现代别墅和各种山地别墅的特点去芜存真，在建筑外观造型、细部结构等各方面都力求轻灵柔和的感觉，体现出蕴涵丰富的哲学、建筑学、人文学等各方面的深奥原理的自然特征和简约轻快的建筑时尚。

该别墅设计中将建筑感强烈的平面与墙面延伸而进入住宅区域，同时，主生活区悬置于底面上，使景观真切地贯穿整个住宅，将住宅与景观合而为一。屋顶结构进一步表达了这种悬浮感。

在立面设计当中以玻璃门窗进行四面装饰着力加强空间采光，利于隔窗观景，营造出较为浓厚的休闲氛围。如卧室、平台等。各种装饰去繁就简，营造出大方、内敛而又显豪华的大家风范。

复合地产，楼盘配套，花园社区
**Complex Real Estate, Residential Building Facility,
Community With Garden**

现代低密度 TOWNHOUSE 山居小城
Modern Low Density Townhouse

//

占地面积：174998 平方米
建筑面积：209998 平方米
容积率：1.20
绿化率：41.20%
开发商：中海地产（深圳）有限公司
建筑设计：AECOM 中国区建筑设计
户 数：1610 户
住宅类型：双拼别墅、联排别墅、山地叠加别墅、多层住宅、高层住宅
项目特色：纯山地社区
项目位置：深圳龙岗横岗梧桐路与环城北路交汇处

Occupied Area: 174998 m²
Building Area: 209998 m²
Plot Ratio: 1.20
Greenery Ratio: 41.20%
Developer: Zhonghai Real Estate(Shenzhen) Co., Ltd.
Architectural Design: AECOM Design
Number: 1610
Building Category: Two Family House, Townhouse, Mountain House, Multistoried House, High-rise Building
Project Characteristics: Mountain Living District
Project Location: Shenzhen Longgang Heng Gang Wutong Road and North Huanchen Road Cross

ZHONGHAI DA SHAN DI,
SHENZHEN
ZHONGHAI
SHENZHEN
深圳中海大山地

C10 户型 46 栋 A 单位一层平面图

C10 户型 46 栋 A 单位二层平面图

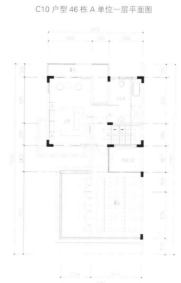

C10 户型 46 栋 A 单位三层平面图

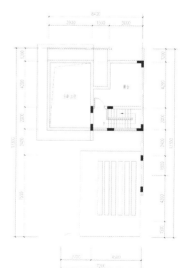

C10 户型 46 栋 A 单位四层平面图

　　中海大山地位于深圳横岗梧桐路与环城北路交汇处，振业城的北面，住宅类型为双拼别墅、联排别墅、山地叠加别墅和多层住宅等。是深圳郊区大型、低密度TOWNHOUSE山居小城。分南北两区，南区的容积率非常低，只有0.7，主要以165～220m²的连排别墅为主，另外还有叠加复式大约是180m²，其中也有多层和带电梯的小高层。

　　项目在建筑设计、景观设计构筑上大胆创新，以现代儒雅的建筑风格、层次鲜明的热带园林，在尽可能保留原生山地资源原貌的同时，形成园山一体，高低有致，相映成景。设计中将"山地"概念进行到底，着重刻画"山地规划"、"山地建筑"以及"山地环境"，强调人与自然的和谐对话。代表山地特色的"山、水、风、光"四大元素渗入建筑与环境设计的细节中，将生态主题具体化、精练化。山清水秀，风光旖旎的含义寓于其中，"山水"、"风光"成了风景、景观的代名词。形象地向客户传达了"隐、散、闲"的生活意境。

　　项目为深圳首座大型纯山地TOWNHOUSE社区之一，规划设计奖地块分南北两区，大山地南区有150套别墅，户型为双拼、联排、叠加，面积在160-260m²之间。50套电梯复式（空中别墅）单位和20套多层（空中院墅）单位；在这50套电梯复式单位中，40套为104m²左右的两房，10套为154m²左右的四房，20套多层单位为面积约在89-98m²之间的三房。中海大山地项目北区地块由2栋高层和24栋联排别墅组成，共约1223户，联排别墅共有129套。据悉，五期御园推出的84套联排，户型在230-280m²之间，户均赠送面积达到70%左右。

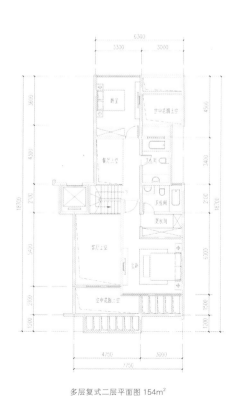

多层复式二层平面图 154m²

多层复式首层平面图 154m²

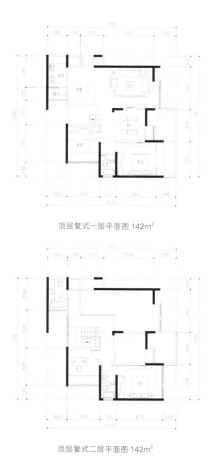

顶层复式一层平面图 142m²

顶层复式二层平面图 142m²

复合地产，楼盘配套，花园社区
**Complex Real Estate, Residential Building Facility,
Community With Garden**

东方普罗旺斯

EASTERN PROVENCE

欧式古典主义庄园
European Style Classicism Manor

占地面积：657500 平方米
建筑面积：230000 平方米
容积率：0.30
绿化率：63%
开发商：北京市八仙房地产开发有限责任公司
投资商：耀江集团
景观设计：易兰（亚洲）规划设计事务所
户数：550 户
项目特色：花园洋房
项目位置：昌平定泗路 88 号

Occupied Area: 657500m²
Building Area: 230000m²
Plot Ratio: 0.30
Greenery Ratio: 63%
Developer: Beijing Baxian Real Estate Development Co., Ltd.
Investor: Yaojiang Group
Landscape Design: ECO Land Planning and Design Company
Number: 550
Project Characteristics: Garden House
Project Location: No. 88 Dingsi Road Changping

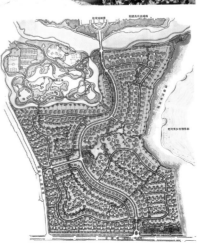

▶

　　位于法国东南部蔚蓝海岸的普罗旺斯是中世纪诗歌中称颂的"快活王国"。那里拥有纯正的欧洲建筑风貌、灿烂的阳光、成片的薰衣草田，以及闲适的生活气息，是西方人心目中的香格里拉。在北京昌平区北七家镇，同样有一片拥有远山、城堡、绿野、花田、河网的自然区域——东方普罗旺斯。自然水系温榆河及老河湾两大河流在此并行，薰衣草田野、原生树林、400亩绿地、拉斐特城堡、悠长的水岸线是欧式古典主义庄园在东方的再现。

　　东方普罗旺斯别墅区地块东临温榆河老河湾，水系、植被等资源丰富，景观条件好，可以享受到河滨生态的宁静与清幽。"大景观"理念所塑造的社区景观，空间丰富统一，地形起伏，水景也随着地形的起伏而产生跌落，周边的建筑也具有了不同的标高，各项造景元素一气呵成。北侧的拉菲特城堡公园和规划中的27洞高尔夫球场使休闲健身简单方便，南侧是已建八仙别墅区，西侧为规划中的低密度住宅区，可以有效地聚集人气。

　　社区共有七个级别的户型，户型的配比符合市场的需求，户型的分布综合考虑景观、朝向、组团等因素。比如，在全园范围内，位置较好的面向温榆河的组团大户型分布密度比例较高。考虑到分期开发户型的多样性，每一个组团均使大小户型搭配布置，大户型分布在本组团较为有利的位置，同时通过如溪流、地形、尽端小庭院等创新手法的运用，使小户型也能拥有不错的景观环境。

　　结合自然地形并加以强化，建筑标高在规划阶段得到了充分的重视，显示出高低错落的层次感。设计师提出并首次应用"步出式地下室"的概念，即建筑的主入户道路与后花园地坪不同，有一层的高差，使得通常黑暗、无采光的地下室完全向后花园敞开相连。在原本较为平坦的用地上创造出了如山地别墅一样丰富的地形起伏。整体地形呈现愈靠近水系愈低，平均水面标高比临近道路低3m。局部堆坡创造高点，丰富了地形。

　　社区主要车行道采用曲线形，双侧植行道树，设置单侧人行道，人行道与路面之间有绿带相隔。道路两侧地形起伏，使位于两侧的建筑与道路之间有良好的视线与噪音阻隔。社区次要道路呈曲线形沿住宅一侧布置，长短、宽窄、高低相结合，设置双侧人行道，人行道与路面之间亦有绿带相隔。在空间较为局促的尽端式道路上取消了回车广场，创造了尽端小庭院式邻里空间。主入口有效地解决了人车的分流，利用重复的景观元素形成连续的景观序列，使入口不再是通常的一个孤立的面，而是一个区域，加强了到达感和领域感。

ZARADA WESTLAKE
GOLF VILLAS

南都·西湖高尔夫别墅

北美风情高尔夫别墅小镇
North American Style Golf Villa Town

占地面积：2668000 平方米
建筑面积：86600 平方米
容积率：0.30
绿化率：65%
开发商：浙江南都房产集团有限公司
景观设计：易兰（亚洲）规划设计事务所
户数：89 户
项目位置：杭州西湖之江路 200 号

Occupied Area: 2668000m²
Building Area: 86600m²
Plot Ratio: 0.30
Greenery Ratio: 65%
Developer: Zhejiang Nandu Real Estate Group Co., Ltd.
Landscape Design: ECO Land Planning and Design Company
Number: 89
Project Location: No. 200 Zhijiang Road West Lake Hangzhou

　　坐拥西湖，规划用地面积约 2 666 680m²，灵山秀水的南都·西湖高尔夫堪称绿海中的翡翠。以"大景观"理念独辟蹊径，南都·西湖高尔夫打破了常规的构建程序，在建筑师设计之前由景观师提出整体的规划布局，与高尔夫球场的设计施工互为协调平衡，充分享受毗邻而建的高尔夫球场景观价值。

　　别墅区景观设计的核心强调别墅区与高尔夫球场相融合。在景观设计中通过造坡等技术手法，适度抬高了别墅区向着球场一面的地势，使靠近球场部分的别墅具有居高临下的视野，球道、果岭等高尔夫景观尽收眼底。而对于不靠近球场的别墅，则在公共绿化带中设计了缓坡地形、水池、沙坑等高尔夫球场的景观元素，使人们置身在住宅区内，依然有球场的感觉。

　　南都·西湖高尔夫别墅平面形状成三角形，三边均面临高尔夫球场，10 个别墅组团沿边依次布置。社区不仅绿地开阔、地势平缓、并充分将西湖高尔夫球场上的草坡、水体、果岭等环境景观全部融入社区生活中，尽现尊贵生活品位。常规的高尔夫住宅大多散落在球场周边，其建筑序列也基本是先有球场，再建别墅。南都·西湖高尔夫别墅与球场交互穿插、紧密依存。总平面布局依据采景采光的原则，三角地中央部分以人造水景、林地、坡地景观为主题，形成庭院内景；沿三角地边缘的建筑面则以借鉴球场景观为设计重点，以别墅坐落的地块标高，随高尔夫球道的地形走势变化，形成后院独有的球景致布局。社区中贯穿的水系、特色鲜明的组团空间让住户在开阔球场的中央依然有全然不同的感受。

　　南都·西湖高尔夫别墅的建筑造型设计，综合了近年来国际高尔夫球场内外别墅设计的精华。倾斜平缓的瓦屋顶、厚重的毛石基座、高耸的砖砌烟囱、以及室内的壁炉、大面积的落地玻璃窗、一层半通高的客厅等，使建筑具有十分鲜明的个性。整个立面设计从材质到用色都充分考虑了别墅这一关键，同时景观沿小区主干道及组团间遍植茂密的树木，从而使整个别墅区隐藏在一片茂密的森林中。住宅与环境绿化紧密结合，使之仿如从地下"生长"出来的一样，建筑由此被赋予了生命。

　　一条天然水域在 700m 的绿化带间萦绕，形成"工"字形的景观结构；具有观赏效果与参与功能的内院使各幢住宅机会均等地充分享受球场景观。园区的规划与设计充分满足杭州的气候特点、所处位置的地形地貌、高尔夫球场的环境特征、别墅建筑单体这些设计要素之间的默契关系，使其相辅相成。石材小路、木质桥、青石驳岸……而软质景观设计则以丰富的绿化层次营造了舒适的户外空间。

　　当一座建筑物坐落于某个特定的环境中，它所营建的场所一定要对特定环境进行某种呼应与延续。只有契合自然的地形、地貌，并继承环境的特质，人类才能更和谐地融入自然、亲近自然，并体验居住所带来的闲暇与欢娱。从这一点来看，南都·西湖高尔夫别墅无疑可视为中国景观别墅的优秀范本。

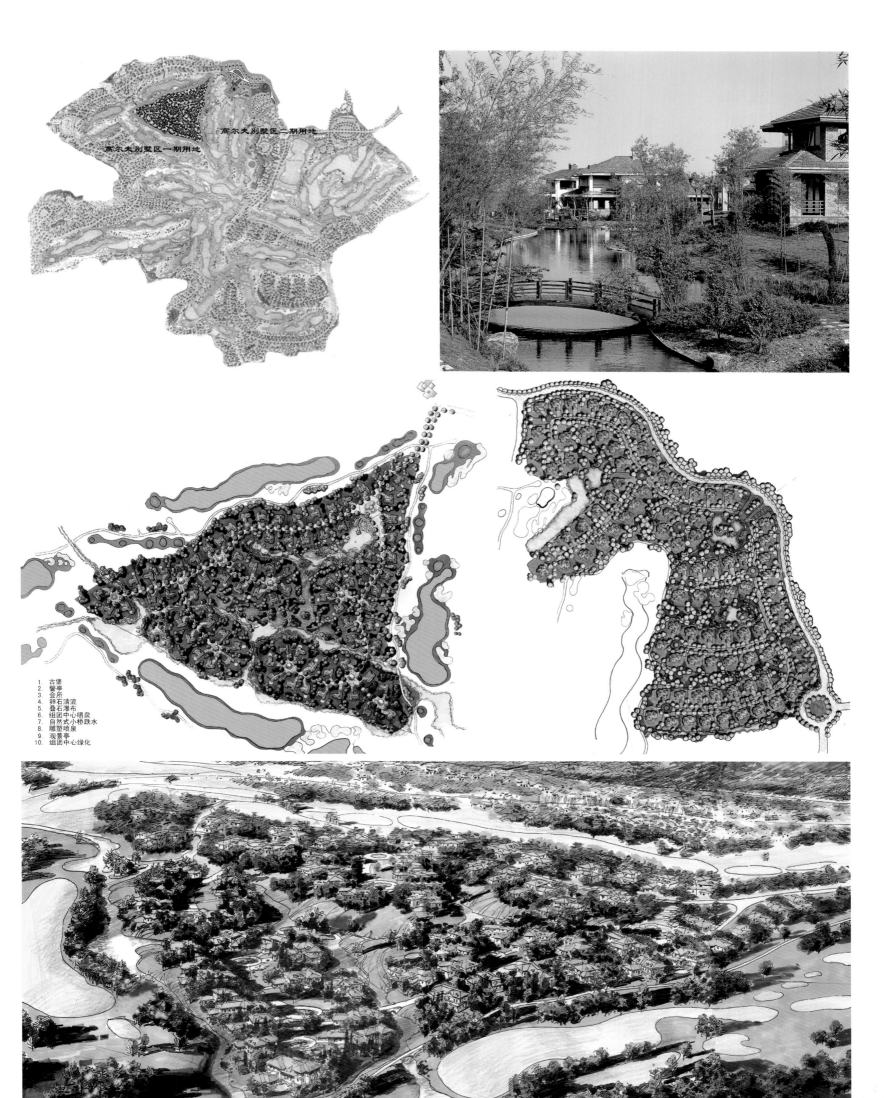

1. 古堡
2. 餐亭
3. 会所
4. 卵石清流
5. 叠石瀑布
6. 组团中心喷泉
7. 自然式小桥跌水
8. 雕塑喷泉
9. 观景亭
10. 组团中心绿化

北京龙湖·滟澜山

BEIJING ROSE AND GINKGO VILLA

纯粹的台地式地中海风情居所
Pure Platform Type Mediterranean Style Home

占地面积：240000 平方米
建筑面积：108000 平方米
容积率：0.67
绿化率：32%
开发商：北京龙湖置业有限公司
景观设计：北京源树景观规划设计事务所
户数：430 户
项目特色：花园洋房
项目位置：顺义温榆河中央别墅区、京承高速后沙峪出口东 1500 米

Occupied Area: 240000m²
Building Area: 108000m²
Plot Ratio: 0.67
Greenery Ratio: 32%
Developer: Beijing Longhu Property Co., Ltd.
Landscape Design: Yuanshu Institute of Landscape Planning and Design, Beijing
Number: 430
Project Characteristics: Garden House
Project Location: Shunyi Wen Yuhe Central Villa District, Beijing Bear High Speed After the Sand Valley Exit 1500 Meters East

▶

　　龙湖·滟澜山位于顺义区后沙峪温榆河畔的中央别墅区内，项目总用地面积约 240000m²，包括了一处约 52000m² 的景观公园，其规划总建筑面积为 190000 m²，总户数 430 户，景观设计配合项目高端的品质要求，希望以自然朴实的手法，通过丰富的植物搭配与精致的细部处理体现高端别墅的生活内涵。
　　项目特色
　　（1）设计风格
　　龙湖·滟澜山的建筑风格以含蓄奔放的西班牙式、厚重热情的意大利式、质朴浪漫的托斯卡那式为主，在匠心独运的整体规划主导下，形成了坡地式的园区，全面呈现了韵味十足的地中海式风情。
　　（2）建筑形式
　　龙湖·滟澜山的建筑形式为双拼、联排。传统的联排别墅私密性差，外观类似低矮板楼，品质感较低，但是龙湖·滟澜山通过景观以及细致的设计淡化联排的缺陷。在建筑与建筑之间，通过景观工程师巧妙运用园林营造，很好地解决了私密性的问题。

景观构架

　　"滟澜山"的平面规划并没有太多的亮点，整齐的排布充满了实用主义的味道；人车分流的交通体系造成了项目中心区域与周边较大的高差，并因此引发了大量的相关问题。大范围的高差处理是项目最大的难点，但这也为营造"纯正"的意大利风格台地园林提供了必然。景观设计将高地比作"城堡"，充分利用规划中的地势与高差，形成了"一环两带"的景观体系。设计以托斯卡纳纯美的自然风光为蓝本，突出了"鲜花"、"溪涧"、"山谷"等自然景观元素，形成了一环（翡冷翠环路）、两带（山林溪谷与蔷薇山谷）的景观骨架。

　　山林溪谷（中央水系）："滟澜山"最迷人的景色来自由入口向内延伸的中央水系，这里也是多数业主的主要步行通道。沿着入口笔直的道路，你的视线会迷失在如诗的山坡之间，欢快的溪水带来托斯卡纳的夏天。溪水自山间滚落，在入口处汇聚成潭，丘林上繁茂的植被形成了强烈的景深，弥漫着悠远飘逸的意境。沿溪行，植物的高度和密度使人很难感觉到周边建筑的存在。茂密的植物与水岸和坡地融为一体，一切好像回到童年，想微笑，却不敢发出声音，生怕点滴再多的声响会扰了身边的精灵。

　　组团间与私家庭院

　　组团景观和私家庭院是"滟澜山"有别于其它项目的一大突破，变化丰富的小尺度空间使人们感受到生活的格调。弯曲的道路、丰富的植物，使人基本看不到一处完整的建筑立面，这大大增加了别墅的私密感与舒适的氛围。而对于细部节点的尺度、材料、色泽甚至布饰的苛求，则彰显出朴素自然中蕴涵着的精致与温暖。

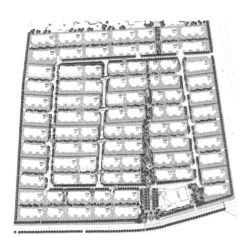

1. 别墅区入口
2. LOGO墙
3. 景观大道
4. 观景平台
5. 山林溪谷
6. 溪流源头
7. 景观种植
8. 蔷薇山谷
9. 景观桥
10. 组团小品
11. 楼间绿化
12. 业主通道
13. 物业通道
14. 翡冷翠环城南路
15. 翡冷翠环城西路
16. 翡冷翠环城北路
17. 翡冷翠环城东路

C立面图

D立面图

复合地产，楼盘配套，花园社区
Complex Real Estate, Residential Building Facility, Community With Garden

佛山万科兰乔圣菲

FOSHAN VANKE LAN QIAO

SHENG FEI RESIDENTIAL

西班牙风情高尚人文社区
Spain Style Noble Humanity Community

占地面积：160000 平方米
建筑面积：264636 平方米
容积率：1.69
绿化率：40%
开发商：佛山市顺德区万科置业有限公司
景观设计：SED 新西林景观国际
建筑类别：联排 独栋 双拼
户数：1216 户
项目特色：花园洋房
项目位置：顺德新城区德胜路与龙盘西路交汇处

Occupied Area: 160000m²
Building Area: 264636m²
Plot Ratio: 1.69
Greenery Ratio: 40%
Developer: Foshan Shunde Vanke Property Co., Ltd.
Landscape Design: Siteline Environment Design Ltd.
Building Category: Townhouse, Villa, Semi-detached House
Number: 1216
Project Characteristics: Garden House
Project Location: Shunde Xincheng Distrcit Desheng Road and West Longpan Road Cross

　　佛山兰乔圣菲住宅区项目位于广东省佛山市顺德新城区，是以联排别墅（TOWN HOUSE）和高层住宅为主的综合居住区。建筑风格取向为西班牙小镇式居住氛围。环境景观设计营造出一种阳光灿烂、既雍容古典又不失自然亲切之美的风情小镇风格。它代表了一种阳光、悠然、亲近自然的小镇生活方式。

　　小镇住宅主要是由公共建筑区域（包括会所和社区幼儿园）、TOWN HOUSE 住宅区域、有底层商业的高层住宅区域、有架空层的高层住宅区域几部分构成。针对每部分的建筑特点和功能，在景观设计上，分别进行了有所侧重的详细考量。

　　动静相宜的会所生活

　　小镇会所是西班牙式建筑，建筑外立面色彩明快，采用质朴温暖的色彩，充满了阳光的地中海味道。以社区会所为背景的中心水景区域是景观设计的重点。

　　对称的种植形式（大王椰子、凤凰木）将人们的视线引入中心水景区域。这个区域里热情奔放的地面铺装颜色、热力动感的喷水景观与自然而浓密的油棕结合在一起，相映成趣，共同构筑了西班牙式的主入口景观。

　　在景观构思上，需要从以下几个方面考虑：

　　（1）从竖向空间上，中心水景区域略低于周边道路标高，在层次丰富植物的围合掩映下形成了一个闭合的水边亲水、漫步环线。（2）水景两侧以植物围合，只打开会所与主入口轴线方向的视线，并在这条轴线上适度地设置亲水平台、喷水雕塑景观、特色景墙等，很好地营造了会所地景观气氛。（3）喷水雕塑作为水景的中心：一方面，具有西班牙风情的雕塑能更好地烘托楼盘风格、主题；另一方面，美学上讲求"有破才有立"，雕塑从竖向空间上适当破掉建筑会所产生的大体量感，以环境结合建筑，重新组合了景观立面的竖向关系。（4）水面分为两个部分：外环为有铺装的浅水面（200 毫米），把水放走后亦可形成环状闭合的场地；内环为以暗色卵石为池底肌理的水面（300 毫米 ~400 毫米），水体较外环深，围绕池壁的一组圆形树池将水体内环、外环自然地连接起来，起到空间上启承转合的微妙作用。炎炎夏日，双层水面带来惬意凉爽的微气候小环境；冬日煦阳，放空了水面的场地可以成为居民活动、晒太阳的理想广场。（5）周边环行道路：环绕中心水景的绿化带、分隔车行道与人行道的绿化带，以及人行环道以外的场地绿化共同构筑了中心水景区的绿化体系——绿意盎然的绿色通道。

地中海式的露天泳池

从会所的二楼露台俯瞰，一片蔚蓝的露天泳池、阳伞、躺椅、摇曳的热带棕榈、穿比基尼的妙龄女子，让你忍不住想加入其中，拥抱这碧海蓝天。会所泳池由成人泳池、儿童嬉水池、按摩池等构成，特色景桥的巧妙分割又增添了趣味性。西班牙式构件、陶罐、黏土砖和卵石的原生材料、质朴厚重的廊柱、奢华的布幔、仿旧铁艺装饰门……呈现出执意纯粹的西班牙风情。

放飞梦想的阳光草坪

社区西南角是一块亲近自然的阳光草坪——圆形廊架、绿地、景观树，适宜周末开展社区活动——打羽毛球、放风筝和享受阳光。

联排别墅每户都有两个庭院——迎宾庭院和家庭庭院迎宾庭院。突出了客人的气氛，院门为仿旧铁艺门；家庭庭院则体现了家人交流空间的特点，同时有一定的私密性。双重院落分隔出与众不同的生活空间，这样的设计对于过客是美景的享受，对于家人则是舒适的生活空间。有阳光、鲜花的陪衬，把前后园的景观考虑得很周全，通过庭院与道路及植物、小品的结合，营造出四季有景的生活氛围。

庭院围墙墙角抹圆，圆角厚墙给人安全柔和的感觉，提高了居住的舒适度。值得一提的是，为了丰富步行者的视觉体验，设计师把每户迎宾庭院规划出了一块区域做种植设计，形成序列变化的景观观感。

高层架空层景观区域既增加了住户的户外活动空间（安置儿童游戏架、成人健身器材等），又使景观视线通透。将不同的住户单元用连廊串联起来，也是从安全角度的考量，既能有效防范高空抛物的危险，又能很好地满足高层住户的户外活动需求。

复合地产，楼盘配套，花园社区
**Complex Real Estate, Residential Building Facility,
Community With Garden**

深圳招商华侨城·曦城

SHENZHEN COMMERCIAL
BUSINESS OVERSEAS CHINESE
CITY BUFDA VISTA

自然生态，西班牙风情小镇
Nature Ecological, Spain Style Town

占地面积：600048 平方米
建筑面积：303100 平方米
容积率：0.34
绿化率：75%
开发商：深圳招商华侨城投资有限公司
景观设计：深圳奥斯本环境艺术设计有限公司
建筑类别：联排、独栋、双拼
户数：约 2000 户
项目特色：宜居生态地产
项目位置：深圳广深高速宝安出口

Occupied Area: 600048m²
Building Area: 303100m²
Plot Ratio: 0.34
Greenery Ratio: 75%
Developer: Shenzhen OCT Real Estate Co., Ltd.
Landscape Design: Shenzhen Osborne Landscape Art Design Co., Ltd.
Building Category: Townhouse, Villa, Semi-detached House
Number: About 2000
Project Characteristics: Livable Ecological Real Estate
Project Location: Shenzhen Guangshen Highway Bao'an Exit

▶

　　曦城，纯粹别墅的小镇，占地面积 2.3 平方公里，由华侨城地产与招商地产共同投资 50 亿打造。约 2000 余座别墅，配套有风情商业街区及优质学校，巧妙结合林阴大道、山地水线公园、无边际山顶泳池等稀奇景观资源，是低密度、高标准的自然生态居住区，将有一万人居住。

　　充满阳光和西班牙激情的小镇目前正在群山环抱的俊秀山谷中孕育成长，它将是深圳与香港、珠三角高速大动脉上一个美丽的门户，更将是这个城市二十年来最值得期待的山居梦想，也是深圳惟一纯别墅山地特色的西班牙风情小镇。以天然的原始植被和弯曲的林阴山道为招商华侨城别墅区的人们提供幽静的后花园。

　　钻石形的环山别墅区有机联系在一起，形成一座变化丰富，溪水与山林、房屋与坡地、小街花园和人行步道相得益彰的西班牙花园。

　　坐在山顶、溪边或是庭院，咖啡或茶，时光在这里已是弥漫在空气中的音符，任何一个角落都可以停留、可以聆听。

复合地产，楼盘配套，花园社区
**Complex Real Estate, Residential Building Facility,
Community With Garden**

北京鲁能格拉斯小镇

BEIJING LUNENG
GRASSE TOWN

法国南部地中海风情小镇
South France Mediterranean Style Town

占地面积：2266666 平方米
建筑面积：460000 平方米
容积率：0.30
绿化率：60%
开发商：北京海港房地产开发有限公司
建筑设计：翰时国际建筑设计咨询有限公司
项目位置：通州机场高速杨林出口

Occupied Area: 2266666m²
Building Area: 460000m²
Plot Ratio: 0.30
Greenery Ratio: 60%
Developer: Beijing Haigang Real Estate Development Co., Ltd.
Architectural Design: A&S International Architectural Design and
Consulting Co., Ltd.
Project Location: Yanglin Exit Tongzhou Aerodrome

▶

1. 格拉斯小镇的重要地位

以法国格拉斯小镇为借鉴题材的鲁能格拉斯小镇坐落在北京京郊东海别墅社区的核心位置。与温榆河的老河湾紧密相邻。多个小建筑单体功能相辅相成，围合而成一个建筑群落，各建筑使用可分可合，建筑平面功能多样化，不仅仅局限为商业建筑，这是一种新的商业地产模式，它的顺利落成和使用，会使此种模式在各地的复制延续和完善发展成为可能，为中国商业地产开辟新的道路。

鲁能格拉斯小镇的构思沿着老河湾开始，围绕着格拉斯小镇和庆典主题展开。按照预想，系列的庆典活动将作为小镇重要的功能之一，因此，开放向老河湾，并被建筑围合的中心花园将成为庆典活动的主要户外场地，乡村教堂、庆典酒店、风情西餐厅等等与庆典活动关联的建筑坐落在中心花园的周围。而在中心花园的外围，一条尺度宜人、空间层次变化丰富的商业步行街以法国格拉斯小镇的风情展现，同时满足有其他需求的顾客。鲁能格拉斯小镇在为整个社区业主提供日常商业服务的同时，会成为社区活动的中心地带，其独特的建筑风格和独特的空间场所感将将吸引更多的周边居民和来自市区的人们，这里创造的是一处新的人文景观，拥有文化的氛围，美丽的风景以及悠闲惬意的生活节奏，像香水的气息让人放松。时时也有欢乐的事情发生，像鲜花绽放，所以，格拉斯将为北京的东海花园带来香水与鲜花。

2. 解析格拉斯

鲁能格拉斯小镇的建筑布局是以传统小镇的街区模式转化而来。在小镇建筑规模不大的条件下，沿东、南两侧主要道路的建筑布局较为丰满。内街另侧的建筑在适当的位置断开，在内街空间变化的结点完成街区模式的布局。人们行进其间的时候，随着内街空间的变化，人的行进方向和目的地总有多种的选择。这就为人们的"逛"街提供了条件。而在这样的布局模式下，建筑的各个临街面都会被"盘活"，从而使整个小镇充满了生气。

商业楼 D 立面图 01

商业楼 B 立面图

　　尽管灵活的建筑布局形式为人们的流线提供了多样化的可能。然而结点空间和主线的确定才为整个小镇的结构提供了骨架。在小镇的规划设计中，沿河的中心花园、东北角的小广场、西南角的滨河休闲广场、小镇入口广场以及商业街中心平台是整个小镇最重要的四个结点空间。这四个结点之间的联系成为小镇最重要的两条轴线。其中，主轴线从小镇入口广场开始，经过商业街中心平台通向小镇中心花园，并最终引导朝向美丽的老河湾；而次轴线从商业街东北角的小广场开始，连接到西南角的滨河休闲广场，并和主轴线在商业街中心平台处形成交叉。在这个基本体系里，小镇的入口礼仪空间、人流交通空间、休闲聚会空间、庆典空间、商业活动空间等等都有机的结合在一起。并通过地面标高的变化、街道尺度的控制、景观的收纳来完成细部丰富，最终形成了完整的小镇风貌。

3. 建筑风情

　　格拉斯小镇的风貌最直接的体现还是在建筑的形象当中。

　　以法国南部地中海沿岸建筑风格为母体的格拉斯小镇建筑形式在设计中赋予了历史的色彩。营造传统小镇氛围成为整个建筑形象设计的重要指导思想。主要的设计手法如下所述：

　　（1）传统建筑和传统街道尺度的控制。

　　（2）重要建筑和结点建筑的控制。

　　在小镇的建筑群中，重要建筑和结点建筑的设立将为小镇的风貌提供标志性。教堂、庆典酒店这类的重要公建性质的建筑被布置在迎向人们来到的主要方向。同时又兼顾了对内部空间形态的介入。如同传统欧洲小镇、教堂类建筑和小广场一起，形成整个小镇的核心和标志。

　　而在建筑群转折和街道的突出位置，设置了方塔、较大尺度的拱门，起到了标识和界定空间的作用。从建筑群的外观看也高低错落，具备小镇多年发展的自然形态特征。

　　（3）传统材料和手工艺做法的再现。

　　法国南部沿地中海地区的建筑风格是整个小镇建筑形式的设计母体。在有效的建筑和街道尺度的控制下，建筑经典细节的刻画和再现成为建筑形象设计的重点。而材料也是建筑风貌形成的重要支持。经过提炼，"干打垒"式和石材砌筑的建筑墙体成为主要的元素。木制门窗和铸铁檐口也尽量追随最原汁原味的做法。室外部分的廊架、栏杆、花池、台阶，以及传统地面覆盖的红色陶土砖，都将在小镇最终形成的建筑风格中起到作用。

　　人们漫步小镇，将不断穿越自然环境和人文建筑环境的长廊，不断感受到和自然环境交织的手工业时代城市的特质，忘却现代快节奏的生活压力。放松在亲切尺度的小镇风情中。

　　文化和多功能的格拉斯小镇最终将成为生活在北京的人们最重要的"背景"之一。

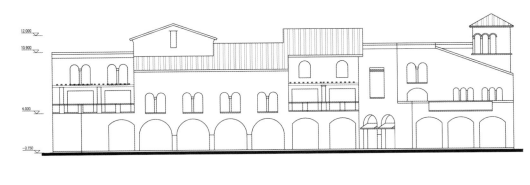

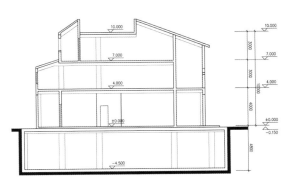

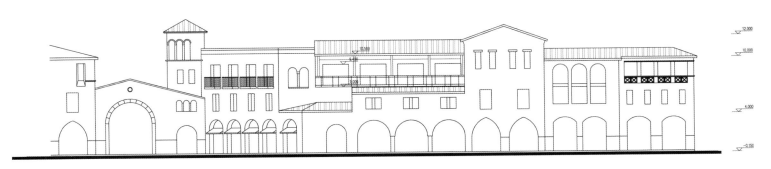

商业楼 E 立面图

复合地产，楼盘配套，花园社区
Complex Real Estate, Residential Building Facility, Community With Garden

中信山语湖

至美山湖传承大宅
Luxury Lake House

占地面积：4762904 平方米
建筑面积：1610000 平方米
容积率：0.39
绿化率：30%
开发商：中信保利达地产
户 数：206 户
项目特色：复合地产、特色别墅、豪华居住区
项目位置：佛山市南海区里水和顺美景大道

Occupied Area: 4762904 m²
Building Area: 1610000 m²
Plot Ratio: 0.39
Greenery Ratio: 30%
Developer: South Citic Real Estate
Number: 206
Project Characteristics: Multi Real Estate, Character Villa, Luxury Living District
Project Location: Li Shui He Shun Mei Jing Street, Nanhai District, Foshan

天竺区 M 户型三层平面图

天竺区 M 户型二层平面图

天竺区 M 户型首层平面图

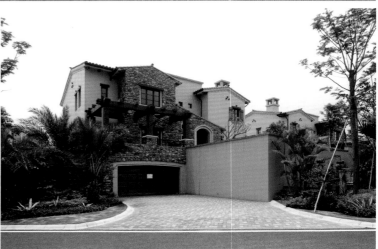

中信山语湖位于广佛双城几何中心，总体占地逾四百多万平方米，拥有一百三十多万平方米的原生森林公园，一百多万的国际标准的 18 洞 "私家精晶球场"，三十多万平方米的珍罕生态湿地公园，三十多万平方米的星级精品酒店，近一百二十多万平方米的居住用地以及特色湖滨商业街道、山湖会馆、广东实验中学南海学校、朝向高尔夫学院等顶级设施等。项目均为 2–3 层独栋别墅，面积介于 300–600㎡ 之间，花园面积为 100–2000㎡。

中信山语湖为了引导 "绿色、生态、环保" 的生活理念，打造未来 20 年中国新知富阶层的生活方式，项目致力于长远发展的战略高度，旨在建成未来南中国首屈一指的集度假、休闲、商务、居住为一体的绿色国际社区，并成为大佛山城市的名片与高端房地产的标杆。

引领未来高端生活方式

"回家就是度假"，是中信山语湖为中国新知富阶层提出的生活主张，代表了中信·山语湖致力为高端人群打造终极理想居所的目标，也彰显着中国高端生活方式在未来 20 年内的潮流趋势。中信山语湖精心整合后的稀缺资源和出众气质，使该项目成为中国绿色人居生活的典范，树立起亚洲绿色人居价值生活的大旗，提供了亚洲绿色价值生活的参考标准。

L 户型一层平面图

L 户型二层平面图

L 户型三层平面图

复合地产，楼盘配套，花园社区
**Complex Real Estate, Residential Building Facility,
Community With Garden**

丹佛湾别墅

DENVER BAY VILLA

北美风情高尔夫别墅小镇
North America Style Golf Villa Town

占地面积：420 000 平方米
建筑面积：160 000 平方米
容积率：0.31
绿化率：52%
开发商：涿州京都房地产开发有限公司
建筑设计：翰时国际建筑设计咨询有限公司
户数：1000 户
项目特色：水景地产、宜居生态地产
项目位置：京石高速影视城出口向东 5 公里

Occupied Area: 420 000m²
Building Area: 160 000m²
Plot Ratio: 0.31
Greenery Ratio: 52%
Developer: Zhuozhou Jingdu Real Estate Development Co., Ltd.
Architectural Design: A&S International Architectural Design and Consulting Co., Ltd.
Number: 1000
Project Characteristics: Waterscape Real Estate, Livable Ecological Real Estate
Project Location: Beijing Stone High Speed Film and Television City Export 5 Kilometers East

▶　该项目位于北京南界河北涿州市，尊处 27 洞国际锦标级高尔夫球场内，纯正血统的高尔夫别墅小镇，一处私藏北美风情和尊崇人生的境界。将 GOLF 与生活完美融合，洋溢着醇厚的高尔夫文化与北美小镇风情。

　　项目用地位于高尔夫球场中间，规划设计中通过水系引入，树系组团布局，局部微地形设计营造出优美的小区内部环境及滨水而居的人性化居住氛围。

　　整体规划体现 "私家花园、私家岛屿、私家城堡" 的概念，别墅四坡顶弧面，大面积三面窗与美景互动，北美独栋别墅，摄取美式古典、美式乡村、美式贵族等多款北美别墅建筑精华，空间围绕庭院，让内外融洽和谐，户型种类分独特型（150m²）、紧凑型（180220m²）、舒适型（270350m²）等多种类型，采用 "L"、"U" 形布局，以庭院组织起居、餐厅、主卧等空间，营造出与高尔夫别墅相吻合的休闲、贴近自然的建筑风格。

　　社区入口处有一条近百米的欧式商业街，未来的主题 STREET，这里将和 8000m² 的会所一起服务业主，全方位满足高端人群的社交需求。

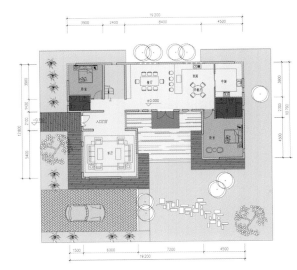

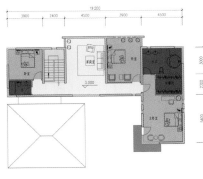

别墅一、二层平面图

北区总平面图

复合地产，楼盘配套，花园社区
Complex Real Estate, Residential Building Facility,
Community With Garden

南沙滨海 · 半岛

BINHAI SEMI ISLAND, NANSHA

地中海风情滨海别墅
Mediterranean Style Binhai House

占地面积：380000 平方米
建筑面积：58000 平方米
容积率：0.48
绿化率：70%
开发商：广州城建开发南沙房地产有限公司
建筑设计：广州瀚华建筑设计有限公司
户 数：1000 户
项目特色：滨海别墅
项目位置：南沙经济开发区环岛路

Occupied Area: 380000 m²
Building Area: 58000 m²
Plot Ratio: 0.48
Greenery Ratio: 70%
Developer: Guangzhou City Construction & Development Nansha Real Estate Co., Ltd.
Architectural Design: Guangzhou Hanhua Architects Engineers Ltd.
Number: 1000
Project Characteristics: Binhai Villa
Project Location: Nansha Economic Development Zone, Huandao Road

▶

　　南沙滨海花园位于南沙经济开发区环岛路，地理位置优越，位于南沙 CBD 居住行政中心区，与未来南沙区府仅一河之隔，且紧邻即将开通的地铁 4 号线出口，交通便利。是目前广州唯一临海社区，也是广州目前唯一半岛式规划设计的水岸别墅社区。

　　项目分三期销售。第一期为少量海景洋房，第二期为水晶湾独立别墅，第三期为滨海·半岛叠景别墅以及小高层洋房。南沙滨海花园是集海滨居住、休闲、生态、园林、观光、文化交流及海滨商务于一体的滨海生态居住中心。

　　三期滨海·半岛

　　项目定位：阳光别院　半岛人生

　　全新三期产品南沙滨海·半岛将海域风情和生活气息与时尚现代的建筑风格融合为一，小区整体园林以水为题材，2km 长运河水系，20000m² 水体面积，形成了该期产品独特的半岛建筑规划。该期产品为大型别墅社区，总建筑面积达 130000m²，规模宏大，位置优越，该期 300 多套别墅涵盖了多联、双联、独立及叠加式等多种类别别墅产品，还有少量的水景洋房。全半岛式总体规划设计、户户临水的生活意念。大型水岸会所及商用配套物业，让生活更趋多元化。

▶
广州唯一临海半岛别墅

南沙滨海花园压轴别墅社区—南沙滨海·半岛

项目凭借建筑风格的创新、建筑元素的突破及建筑质量的不断提升，吸引了众多高端人士的关注，引领当地的别墅精品市场。

小区西临 80m 宽滨河绿化公园，坐观蕉门自然水景；区内独具特色的半岛式规划，以精致园林水系打造 2 大水岸，7 大半岛组团，产品涵盖多联、双联、独立及叠加等各类别墅，户户南北朝向，超阔楼距，前临水后入户，地位超然，营造浪漫热烈的海域风情。

室内空间设计融合现代设计理念，最高达 5.6m 的大客厅，家庭聚会、好友倾谈无拘无束；内庭园、落地窗、超大露台，品茶下棋，何等惬意；错层跃式设计，令生活层次更加丰富。此外，南沙滨海花园里水岸会所、恒温泳池、SPA 休闲中心、风情商业街、星级度假中心等多种豪华设施，令生活更显优雅与从容。

半山海景·兰溪谷二期

BANSHAN SEASCAPE MONT ORCHID RIVERLET PHASE II

建筑空间与环境完美融合生态花园居所

Combined With Architecture and Environment, Ecological Garden Living

占地面积：46860.8 平方米
建筑面积：146910.96 平方米
容积率：2.4
绿化率：50%
开发商：深圳招商房地产有限公司
建筑设计：华森建筑与工程设计顾问有限公司
户 数：537 户
项目特色：山海居所
项目位置：深圳南山区蛇口工业大道与工业四路交汇处

Occupied Area: 46860.8 m²
Building Area: 146910.96 m²
Plot Ratio: 2.4
Greenery Ratio: 50%
Developer: Shenzhen China Merchants Real Estate Co., Ltd.
Architectural Design: Huasen Architectural & Engineering Designing Consultant Ltd.
Number: 537
Project Characteristics: Mountain Sea House
Project Location: Shenzhen Nanshan District Shekou Industrial Avenue and Industrial Si Road Cross

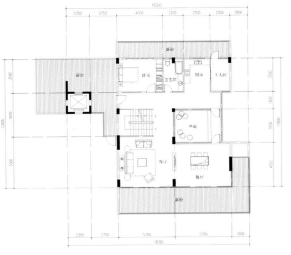

抽屉别墅 7-9 栋 D 户型 409m² 上层平面图

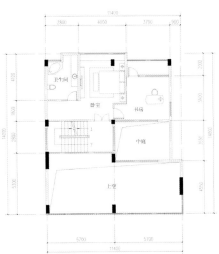

抽屉别墅 7-9 栋 D 户型 409m² 中层平面图

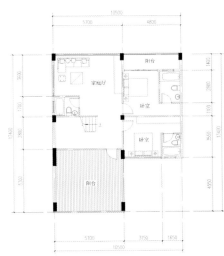

抽屉别墅 7-9 栋 D 户型 409m² 下层平面图

景观分析

A2 户型平面图

C2 户型平面图

▶

　　半山海景·兰溪谷位于深圳最具国际风情的蛇口海上世界片区，紧依郁郁葱葱的大南山，与中国极品别墅半山海景别墅为邻，由 TOWNHOUSE、小高层等 17 栋类型丰富的建筑围合而成。据悉，为充分延入自然野趣，招商地产斥资 700 万用于山谷的改造与维护，使其真正成为兰溪谷的"有机体"和"自然生态花园"。兰溪谷充分尊重环境，充分享用大南山的山景和海景，结合退台式布局，将整个公共空间划分为缤纷棕榈滩、五彩阔叶林、鸟语花香园、半山景林区四大主题区域；园林水系与天然水系一脉相承，引入生态环保概念，利用雨水回收系统灌溉植被，使园林真正成为自然山林的延伸。在兰溪谷，溯溪而上，登山观海。

　　二期位于蛇口半山区沿山路东侧，西依大南山，东眺深圳湾，紧邻发展中的海上世界金融区，山海相伴，繁华相随。传承纯正国际豪宅品质，是深圳唯一山海国际豪宅住区——"半山区"历经二十余载发展后的成熟力作。兰溪谷二期规划以人为本，依据现有地势形成扇形坡地布局，景观开扬。项目设计力求建筑空间和自然环境完美和谐。以山海通道为基础的步行景观轴线，将大南山、项目中心园林、锦园公园、海上世界有机相连。同时通过多维全景露台将山景、海景、城市公园景观引入室内，一台一景，一户一色，在辗转升腾的山海坡地上雕琢一座纯粹优雅的家园。

　　兰溪谷二期高端户型定位，主力户型为 170–210m² 的高层四房及 280–400m² 的复式空间及 HOUSE 单位。户型拥有多层次全景露台、大转角凸窗、星光 SPA 浴室、天幕泳池，匹配世家一贯坚实厚重的气质。项目拥有半地下生态会所，与生态概念一脉相承，并拥有室内恒温及室外常温双感泳池，并配合钢屋架立面，铝百叶与 LOW-E 玻璃构成的外立面，平衡浮现于纯粹的兰溪谷上空，以不矫饰的姿态体现建筑内外的品质与尊贵。

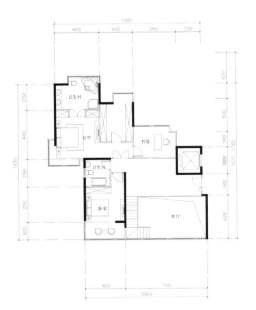

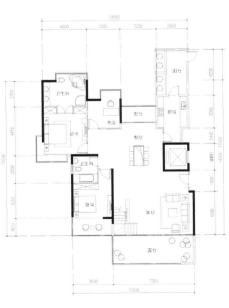

复式上层平面图 306m²

复式下层平面图 306m²

▶

在建筑规划上，兰溪谷二期创新地提炼出半山景观步行系统、山海通道的规划理念并加以充分演绎；成功地将兰溪谷一期、二期、锦园（街心公园）有机串联，从而最大限度地利用了山景、海景和小区庭院景观。在容积率低的情况下，兰溪谷二期的产品线更为丰富，独立别墅、Townhouse、抽屉Townhouse、小高层、高层做了有机融合；此外，所有的小高层和高层单位均采用住宅一梯两户的定位，确保了住宅户户有景、无对视。

在园林景观上，独具全市罕有的山海景观资源，中央花园通过山海通道与城市街心公园连为一体，成为项目特有的后花园。

在户型产品上，兰溪谷二期以 4 房 2 厅，150m² 以上的大面宽大户型大户为主，同时首创了抽屉 Townhouse 的全新产品；既注重了入户玄关的情趣和通风，又预留了室内空间多样化组合；主卫 SPA 生活理念和 L 型阳台及大型的半室外空间，营造高层住宅更贴近生态景观的生活；每户主次出入口、中西复式厨房、空调设备短走线、客厅主卧强弱电埋线双面方案等设计亮点，无不体现了设计的以人为本。

在建筑工艺上，兰溪谷二期复式通高窗中间不设结构连系梁、客厅餐厅之间不设结构梁、转角凸窗不设结构柱、防飘雨通高落地窗均是对高层建筑施工工艺的新突破。

背山面海，下临西部风情商务区"海上世界"的兰溪谷二期，将从全新的角度延续半山品牌——一种精致、高贵而低调、幽雅的生活方式。

LANDSCAPE HOME, SHAOXING, ZHEJIANG

浙江绍兴山水人家

新中心、原生态、江南庭院豪宅
New Center, Ecological, Jiangnan Courtyard Mansion

占地面积：174421 平方米
建筑面积：400000 平方米
容积率：1.90
绿化率：40%
开发商：坤和建设（绍兴）有限公司
建筑设计：华森建筑与工程设计顾问有限公司
户 数：1400 户
项目特色：山水大宅
建筑类别：高尚住宅、别墅、SOHO
项目位置：绍兴市解放北路 308 号

Occupied Area: 174421 m²
Building Area: 400000 m²
Plot Ratio: 1.90
Greenery Ratio: 40%
Developer: Canhigh(Shaoxing) Co., Ltd
Architectural Design: Huasen Architectural & Engineering Designing Consultant Ltd.
Number: 1400
Project Characteristics: Mountain Lake House
Building Category: High Class Residential, Villa, SOHO
Project Location: No.308 North Jiefang Road, Shaoxing

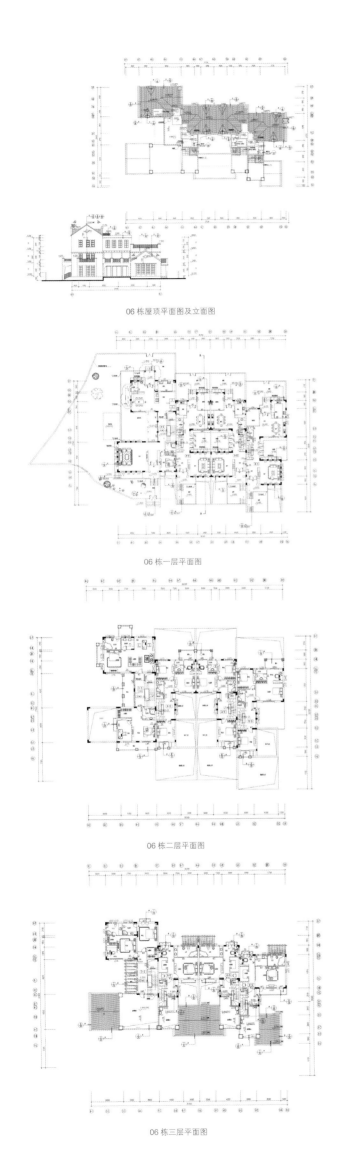

06栋屋顶平面图及立面图

06栋一层平面图

06栋二层平面图

06栋三层平面图

06栋立面、剖面图

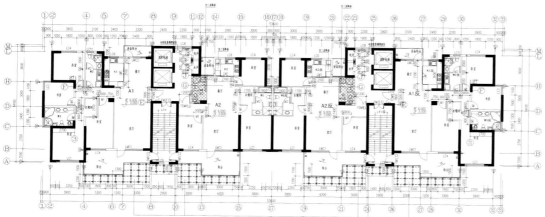

03栋二层、四层平面图

山水人家位于绍兴市大滩区块，沿解放路往南仅1.5km达城市广场，距离北侧镜湖国家城市湿地公园仅3.5km，拥享1000亩大滩水域，交通便捷、环境优美。总建筑面积约400000m²，建筑密度仅19%，楼间距达65m。190m²以上主力户型，高层复式6m挑高、3.3m悬挑的空中花园，纯粹大宅设计，完美地将生活品位和创意，结合在奢华的享受中。

整体景观设计采用现代北美园林风格，同时融合江南庭院式景观，户均绿化面积达100m²。大面积的绿植和大滩特有的水质，为住户提供了一个养眼、养生、养气的理想居所。

流线型外立面，融会现代简约建筑的通透性。挑高露台、大面积景观窗设计营造生动立面，令建筑体态生动丰富，层次感更强。从建筑体量到建筑高度倾

03栋6-18层平面图

力为层峰人士量身定造，融合着城市和大滩的大气和精神。

作为项目的重要组成部分，位于2#地块的"大滩壹号"专为城市精英设计了精英会所、室内恒温游泳池、室外网球场、商务中心、中高档餐饮、超市、健身俱乐部等时尚、休闲高端配套服务。

山水人家，居于规划中的越州新城中区核心，未来绍兴CLD中央地带，以"居，于绍兴之上"的整体定位，成就绍兴未来市中心不可复制的上游精英阶层生活圈。

复合地产，楼盘配套，花园社区
**Complex Real Estate, Residential Building Facility,
Community With Garden**

中海·文华熙岸

ZHONGHAI WEN HUA XI'AN

奢享城市核心名门居所
City Downtown Noble House

占地面积：190000 平方米
建筑面积：300000 平方米
容积率：2.00
绿化率：41%
开发商：中海地产（佛山）有限公司
建筑设计：华森建筑与工程设计顾问有限公司
户 数：1200 户
项目特色：特色别墅、花园洋房
建筑类别：联排别墅、中、高层洋房
项目位置：佛山禅城区文华中路 88 号

Occupied Area: 190000 m²
Building Area: 300000 m²
Plot Ratio: 2.00
Greenery Ratio: 41%
Developer: Zhonghai Real Estate(Foshan) Co., Ltd.
Architectural Design: Huasen Architectural & Engineering Designing Consultant Ltd.
Number: 1200
Project Characteristics: Special Villa, Garden House
Building Category: Townhouse, Middle House, High-rise House
Project Location: No.88 Middle Wenhua Road, Chancheng, Foshan

　　项目总用地面积近190000m²，规划总建筑面积约300000m²，住宅产品涵盖Townhouse（联排别墅）、中高层洋房等多种创新形态。赠送40m²～120m²多功能私家会所，满足个性各异的品位需求；佛山别墅社区首创，户户皆设有高级私家电梯；户内空间宽阔大气，座拥6.2m双层中空高厅。本项目是中海地产在佛山的首个别墅豪宅社区，汇集佛山名流圈层，真正成为佛山名门第一居所。

　　中海文华熙岸园林由美国著名景观公司"贝尔高林"精心设计，依托15m宽、400m长景观河道为轴线，打造法兰西经典园林。广泛采用节能环保技术，配备太阳能热水器、设置采光中庭引入阳光、新鲜空气。

　　中海文华熙岸的洋房精品涵括东区大户洋房熙苑组团、西区合式廷楼和尚层洋房组团以及南北区精品中小户型洋房组团，面积涵盖90-370m²，主要以纯南北对流的板楼设计为主，产品丰富，创新的户型组合为佛山名流圈层打造极富奢华的居住体验。

　　"誉墅·嘉座"——佛山城市核心区的别墅典藏之作

　　项目170席典藏版城市TOWNHOUSE"誉墅"组团，别墅社区完全独立规划建设，自成一体，是佛山城区规模最大最集中的纯粹别墅社区。别墅户户皆设有佛山首创高级私家电梯；

B户型经典联排地下一层平面图　　　　B户型经典联排首层平面图　　　　B户型经典联排二层平面图　　　　B户型经典联排三层平面图

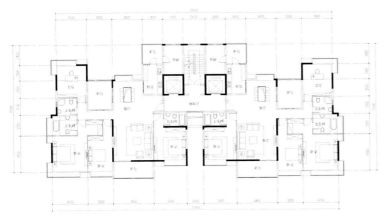

5座01、02户型229m²平面图

并享有6.4m双层中空高厅；每户均有三进三叠，内外互动的立体花园，水平方向为前园、中庭、后院三进庭院，垂直方向为下沉、地坪、空中三重花园，形成立体化的生态别院；此外，还附送约100m²多功能私人会所、阳光半地下车库及露台等等。粹练中海地产30年精工精髓的"誉墅·嘉座"，不仅成为佛山城市别墅的典藏之作，也成为居家生活的首席居住地选择。

　　"誉墅·嘉座"——奢享城市核心区别墅庭院生活

　　全新的"誉墅·嘉座"在建筑设计方面沿用"庭院"概念，每户均有三进三叠，内外互动的立体花园，水平方向为前园、中庭、后院三进庭院，垂直方向为下沉、地坪、空中三重花园，形成立体化的生态别院；而在别墅园区的景观设计中，以高、中、低的立体植物配比绿化营造出一个充满绿意的园区风景区；营造出城市中心区的又一个绿心和田园般的生活天地。"誉墅·嘉座"为上流圈层创造了"大隐隐于市"的舒适生活和奢想别墅庭院生活，不再是一个奢享。

THE PENINSULA
CITY-STATE
半岛城邦

现代简洁，国际滨海社区
Modern Simple, International Seaside Community

占地面积：299556 平方米
建筑面积：917168 平方米
容积率：3.4
绿化率：30%
开发商：深圳南海益田置业有限公司
建筑设计：欧博设计（法国欧博建筑与城市规划设计公司）
户数：2053 户
项目特色：滨海豪宅
项目位置：深圳市南山区蛇口金世纪南路与望海路交界处

Occupied Area: 299556m²
Building Area: 917168m²
Plot Ratio: 3.4
Greenery Ratio: 30%
Developer: The South China Sea Shenzhen Yitian Properties Limited
Architectural Design:AUBE CONCEPTION (AUBE Conception D' Architecture)
Number: 2053
Project Characteristics: Seaside Luxury House
Project Location: Shenzhen Nanshan Shekou South Jinshiji Road and Wanghai
Road Cross

项目基地位于深圳市南山区蛇口片区，西临蛇口渔港码头，北侧依托于蛇口山望海公园，东侧与东角头填海区相临，靠近西部通道口岸用地，南侧凭借滨海步行长廊与深圳湾紧紧相连。项目基地紧紧依托于15公里滨海步行带，是深圳滨海走廊的重要节点。

建筑特点

现代简洁而不失变化，选择以盒子的方式呈现凸窗和阳台。其意义在于：（1）以方盒会意"城邦"，城是一个特大的盒子，而盒子是城的缩影。（2）独特的建筑外观。（3）在中国传统建筑及园林中，镂空的花窗有其独特的美学观念：即选景和框景。而一个个面朝大海的盒子，正是建筑完整的取景器。随着四季的变化，时刻变幻的海景画面完美的呈现在我们面前。(4) 有效发挥了檐板的作用，遮阳防雨，隔绝热带气候。盒子此时同时兼具屋檐和遮阳板的功能，有效的摒弃了炽热阳光的直射和暴雨的倾泻，同时减弱了海风对窗子和室内的影响。(5) 减少了楼群之间的对视问题，使居住隐私得到保护。（6）白色外墙，灰色凸窗与阳台，透明玻璃。

景观设计有三大特点：一是从基地的规模和体量出发，一期景观设计与未来的规划肌理紧密相连，强调并保持主要轴线的规划概念；另一点是从建筑的体量出发，合理利用空间，形成更加丰富、开阔的室外环境的园林概念；第三点则是从人的视点出发，营造宜人的绿色空间的特色园林概念。

复合地产，楼盘配套，花园社区
Complex Real Estate, Residential Building Facility, Community With Garden

宁波万达索菲特大饭店

WANDA SOFITEL HOTEL, NINGBO

时尚奢华城市综合酒店
Fashion Luxury Multi Hotel

占地面积：210900 平方米
建筑面积：131819 平方米
开发商：大连万达集团
建筑设计：华森建筑与工程设计顾问有限公司
结构类型：框架结构
项目位置：宁波市鄞州区四明中路 899 号

Occupied Area: 210900 m²
Building Area: 131819 m²
Developer: Dalian Wanda Group
Architectural Design: Huasen Architectural & Engineering Designing Consultant Ltd.
Structure Type: Frame Structure
Project Location: No. 899 Middle Siming Road, Yinzhou District, Ningbo

►

　　宁波万达索菲特大饭店地处鄞州新区，毗邻大型购物中心万达广场，与都市商业区的繁华和现代相得益彰。这座酒店的风格吸纳了法兰西的浪漫情怀和中国的古典文雅，并与甬城深厚的旅游文化相融合。

　　索菲特万达大饭店位于万达广场这一综合性商业中心的东部，由20层的饭店和48层的酒店式公寓两座建筑物组成。二者一高一低，形成挺拔的空间组合，建筑立面简洁、强调现代感，具有竖线条的玻璃幕墙，通过黑色玻璃与透明玻璃的交替变化，活跃了立面形象，成为区域性的地标建筑。

　　饭店设有289套客房，其1-6层设有精品店、夜总会、中西餐厅、自助餐厅、宴会厅、贵宾厅、厨房、商务中心、报告厅、棋牌室、健身休闲中心、重内游泳池及SPA等服务功能。酒店式公寓建筑长度90.3m，采用(8.9+9.9)m×9m柱网，两侧设电梯楼梯和管线竖井的结构核心筒，使得结构布置经济合理，获得最佳使用率。全楼共有1168套公寓，平面简洁规整，室内布置合理，灵巧中富有生活情趣，能够为客户提供便捷舒适的商务生活。

复合地产，楼盘配套，花园社区
**Complex Real Estate, Residential Building Facility,
Community With Garden**

CHANGFA CENTER
NANJING
南京长发中心

"简约、自然、科技"现代居所
"Brief, Nature, Technology" Modern House

占地面积：17527 平方米
建筑面积：140000 平方米
容积率：6.5
绿化率：56%
开发商：南京长发房地产开发公司
建筑设计：维思平建筑设计
项目位置：南京中山东路 300 号

Occupied Area: 17527m²
Building Area: 140000m²
Plot Ratio: 6.5
Greenery Ratio: 56%
Developer: Nanjing Changfa Real Estate Development Co., Ltd.
Architectural Design: WSP Architects
Project Location: No.300 East Zhongshan Road, Nanjing

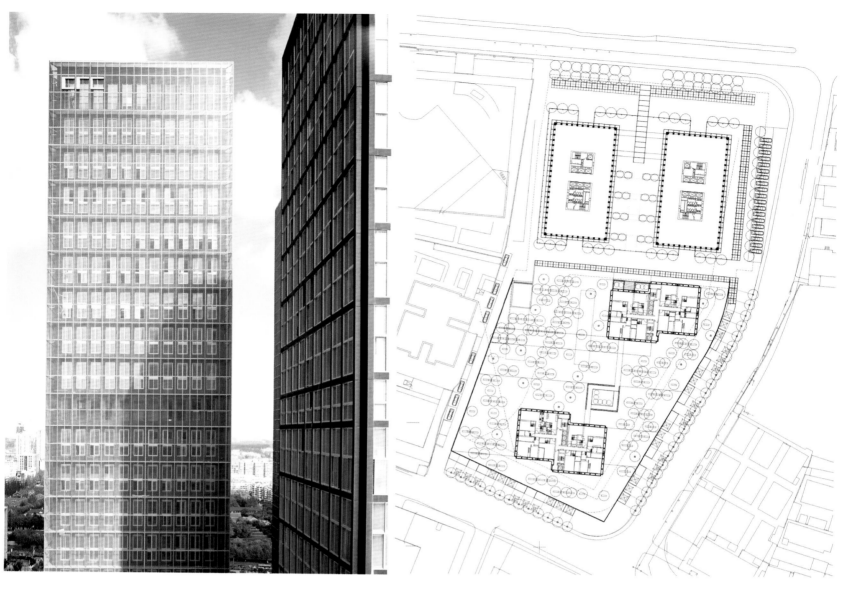

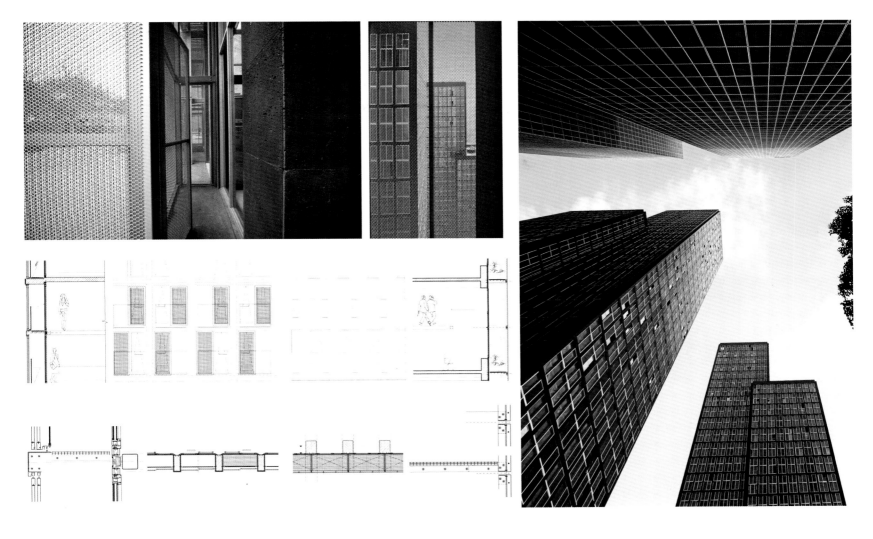

南京长发中心位于南京市繁华地段 – 大行宫地段,是南京市一类商业办公用地,交通极为便利,周边公用配套设施齐全,项目用地地处 CBD 超高层区的东端,与玄武湖—总统府—夫子庙形成遥相呼应的一行序列,南京长发中心以让轴线从办公双塔之间居中穿过的方式加入到这个序列当中。设计师希望南京长发中心能够真实地与城市融为一体,成为这个城市生活中不可或缺的一部分。

南京长发中心由两栋高 150 m 的办公姊妹双塔,以及南侧两栋高 135 m 的塔式公寓所组成。集中商业分别设置于北部办公双塔下的下沉式广场周边以及南部公寓双塔下与城市相衔接的巨大草坡之下。南京长发中心所采用的设计策略之一是"低技高效",即通过简单的节能材料和低成本的技术营造高舒适度、高效能的环境。

南京长发中心的结构选型采用钢筋混凝土筒中筒结构体系,外筒的横梁和密柱构成的矩形网格在立面上被清晰地表达出来。外立面设计采用了独特的"双层表皮"构造,内层是可开启的落地玻璃窗和朴素的框架梁柱,外层是大面积的穿孔铝板幕墙。内外表皮之间以钢构架相连接。可开启的玻璃窗使超高层也可以通过开窗实现空气流通;穿孔铝板可以帮助过滤横向冲击大厦的"高楼风",并屏蔽 40% 的多余阳光。

写字楼和公寓的室内空间均采用了双层高度设计,层高分别为 5.4 m 和 4.95 m,以便成长的企业和家庭在必要时从竖向上重新划分室内空间。同时,矩形的办公和住宅具有高效率的平面和灵活可变的使用空间。

复合地产，楼盘配套，花园社区
**Complex Real Estate, Residential Building Facility,
Community With Garden**

沈阳万科新里程
VANKE HIGH-RISE
RESIDENCE SHENYANG

时尚现代都市未来城
Fashion and Colorful Future City

//

占地面积：52659 平方米
建筑面积：105318 平方米
容积率：2.20
绿化率：60%
开发商：沈阳华姿风尚房地产开发有限公司
投资商：沈阳万科房地产开发有限公司
建筑设计：维思平建筑设计
项目位置：浑南新区文汇街 16 号

Occupied Area: 52659m²
Building Area: 105318m²
Plot Ratio: 2.20
Greenery Ratio: 60%
Developer: Shenyang Huazi Fengshang Real Estate Development Co., Ltd.
Investor: Shenyang Vanke Real Estate Development Co., Ltd.
Architectural Design: WSP Architects
Project Location: No. 16 Wenhui Street Hunnan New District

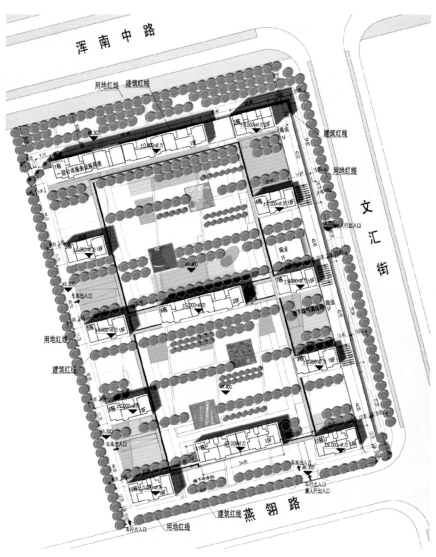

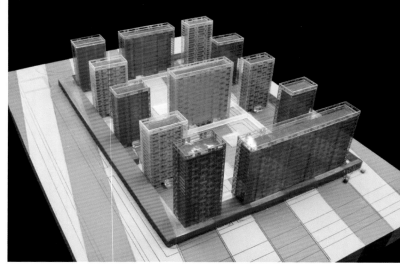

项目位于浑南大学城，设计延续麦田肌理而形成田园风景的脉络，城市道路形成的轴线则引申出了现代都市的脉络。两条脉络相互交织，将规划、建筑及景观的设计统一在同一主题之下。

小区内的步行道路、居游庭院、"抄手游廊"、水景、灯柱、售楼处以及建筑遵循园区网络布置，并一一叠加起来，组成一套完整的生活系统。纵向的体系，罗列了整个园区的生活空间。"抄手游廊"连接12栋住宅楼，方便居民通行；楼宇间设置4个以盒子为单元的主题景观——分别命名为金、木、水、土的居游庭院；园区入口的售楼处也采用盒式建筑造型，售楼处室内的设计也是依据同样逻辑，以一条曲折回转的通廊将内部的功能盒子串联起来；园区里的潺潺流水曲折回转，由南到北贯穿了整个景观庭院。

建筑立面仅保留所必须的阳台栏杆、空调机位和遮挡空调机的百页元素，取消其余全部装饰，通过墙体构造本身以及露台等必须的元素来达到建筑的整体效果。同时，利用建筑保温构造的构造特征，形成两层表皮的视觉感受——外层是深灰色且质感粗糙，好似果实外壳；里层则为细腻黄色，恰似果肉。南立面采用了错动的阳台呈现动感。

为了避免建筑北侧大面积灰色产生的压抑感，对处于园区中央的六号楼进行了特殊的色彩处理，使其粗糙的外表面呈浅黄色，而较为光滑的内表面使用灰色。为了保证园区内部空间的通透性，六号楼底层做架空处理，不仅使南北两个院子相连通，增加景观和视线的通透性与品质感，同时也为居民提供了一处半室外的活动空间。

珠海凤凰海域

PHOENIX BAY, ZHUHAI

现代风格"空中院落"海景住宅
Modern Hanging Garden Seascape House

占地面积：19830 平方米
建筑面积：50566 平方米
容积率：2.55
绿化率：41.3%
开发商：珠海国鼎集团有限公司
建筑设计：华森建筑与工程设计顾问有限公司
户 数：248 户
项目特色：海景地产
项目位置：香洲情侣北路西侧神前路 19 号

Occupied Area: 19830m²
Building Area: 50566m²
Plot Ratio: 2.55
Greenery Ratio: 41.3%
Developer: Zhuhai Guoding Group Co., Ltd.
Architectural Design: Huasen Architectural & Engineering Designing Consultant Ltd.
Number: 248
Project Characteristics: Seascape House
Project Location: Xiangzhou West of North Qinglv Road Shenqian Road No.19

凤凰海域位于凤凰海域南面，紧邻情侣北路，背拥凤凰山，前眺整个香洲湾和情侣路，位于珠海滨海社区的核心地段，彰显高尚社区尊贵地位。全海景高层住宅。东南向有将近两百米的沿海展开面，相对凤凰海域周边地块，有较长的观海面，坐拥一流的海景资源。

小区由3栋31层高的挺拔建筑采用"合"式的布局方式，打造的东南亚风情园。其中31F为顶层复式，均为两梯两户。户型以177~218m²的三房和四房为主，是一个较纯粹的大户型社区。

规划设计概念

1. 构筑滨海生活区域地标性建筑

规划设计倡导城市中心区和滨海区域的空间联系，使建筑成为城市中心体量在滨海岸线的延伸和新的滨海岸线地标及天际线的重要组成部分。为外来车辆及行人出入滨海生活圈和往来于市区之间所必经的标志性建筑。

2. 以海景为核心的规划布局，追求景观资源的最佳利用

本项目共有三栋三十二层全海景高层住宅，充分利用地块东北至西南向沿海展开面，主景面都朝海。楼栋之间有充足的间距，保证楼体之间无相互遮挡和视线干扰，使居住者直面一线海景享受无遮挡的全方位海景观资源，构成滨海生活的重要特征。

3. 围合式布局

朝海的围合式布局，形成区域内部完整的环境空间，使社区内部共享景观资源最大化。住在小区的每一户人家除了直面一线海景之外，均可享受园区精巧、别致、温馨的私家园林景致，享受那一份闲适的优越。

4. 景观环境的互相渗透

建筑面向海景的布局方式使社区内部景观和外界山海景观环境互相渗透，扩展了小区的景观空间。建筑体背面凤凰山景和正面无遮挡的海景观与内部园林景观相互融合，创造出独特的山、水、人的居住空间和环境，形成既有城市文化和精神的自由、开放性，又具自然生态和恬静的高品质滨海生活的社区空间。

建筑风格及设计理念

珠海凤凰海域项目整体建筑设计以现代风格为主调，强调简洁流畅的线条和建筑风格的整体性，突出新型材料和现代化的工艺处理，强调建筑细部及个性的刻划。深入细致的立面设计，使建筑主体与周围环境和城市空间产生对话，形成丰富的外观特征，并成为城市滨海区和周围环境的一个重要空间节点和组成部分。

凤凰海域项目运用现代的建筑设计手法，配以优雅的线条，明快的色调，与项目的地势特征相结合，缔造出一个富有优雅气质、高尚品位的滨海核心社区，创造城市文明和时代生活。通过外立面与顶蓬相连而形成整体的竖向分割板的纵向分割而显示出来。外立面通过线条和体量的变化，产生和谐的比例关系，形成了独特的建筑外观。立面构成的元素——空中院落使构成立面的要素之间产生强烈的凹凸变化和虚实对比，特别的空间处理在立面上产生独特的光影效果，丰富了立面的构成元素。空中院落的设计，将园林空间立体化，使景观层次从外部延伸到私人空间，强化了空间的层次感，赋予建筑外立面生态化的特征。

露台和阳台的设计是外立面设计的重要组成元素，为适应滨海住宅的建筑特征，以及为住户提供全方位的景观空间，特设计了大面积的观景阳台，圆弧形的设计，使建筑立面具备理性化特征的同时，结合功能增加了一些柔和的线条和设计元素，使之更加具有滨海建筑的特征。

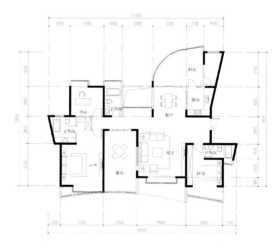

3栋1单元01房、2单元02房23~29奇数层169m²平面图

1栋02房、3栋2单元01房24~30偶数层211.00m²平面图

复合地产，楼盘配套，花园社区
**Complex Real Estate, Residential Building Facility,
Community With Garden**

GOLDEN BEACH
GARDEN

金外滩花园

现代城市"山水"住宅
Modern City Landscape House

占地面积：30308 平方米
建筑面积：129241 平方米
容积率：3.05
绿化率：51.5%
开发商：上海金外滩（集团）发展有限公司
建筑设计：RIA 国际都市建筑设计研究所
户数：611 户
项目特色：江景住宅
项目位置：上海市黄浦区中山南路 200 弄

Occupied Area: 30308m²
Building Area: 129241m²
Plot Ratio: 3.05
Greenery Ratio: 51.5%
Developer: Shanghai Jinwaitan (Group) Development Co., Ltd.
Architectural Design: Research Institute of Architecture
Number: 611
Project Characteristics: River View Apartment
Project Location: No. 200 South Zhongshan Road, Huangpu District, Shanghai

▶

　　金外滩花园位于复兴东路，中山南路口，有着得天独厚的人文历史、自然景观资源。西有历史久远的豫园商业老城区，东邻黄浦江，隔江相望的是陆家嘴金融贸易中心，南北通向则是上海最著名的外滩景观带，地理位置相当优越。

　　1. 景观资源利用的最大化

　　小区的布局以最大限度获取景观资源为前提。六幢建筑以高度的包容性面向黄浦江呈 U 字形的两翼展开，充分利用了"借景"这一传统的设计手法，巧妙地将周围的标志性景观建筑纳入小区的最佳视线范围内，同时，各幢建筑的南北立面设计均具正面性，以保证每个住户的景观及城市景观的需求。

　　建筑立面大面积玻璃的使用，缓解了大型建筑的沉闷的压抑感；通透简洁，予人轻松与快感，又易于与周边建筑相协调；其透明性、开放性，似乎在昭示着面向未来、展望未来的超前意识。同时，由于地理位置的特殊性，使得这组建筑在设计上所体现的城市性质，无不透露着这不仅仅是一组为特定人群提供的居住建筑群，更是一个具有公共性的景观空间，一件展示现代化城市生活魅力的艺术品。

　　整个商业空间被人工丘陵所覆盖，它包含占据了住宅的一、二两层及基地的主要地面空间，是有别于通常将商业设施设在基地外围的做法。覆土的建筑空间围绕基地周边形成面向小区中心的内庭，为人们塑造了安静的休闲和居住环境。被抬高的人工丘陵不仅增加了小区的绿化面积，突显了建筑群的整体性，它的生态效用更解决了地处交通要道，

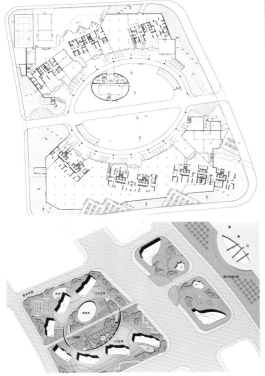

1号楼标准平面图

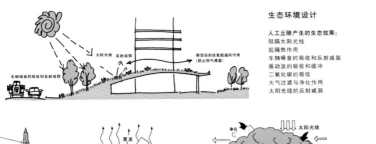

生态环境设计

人工丘陵产生的生态效果：
阻隔太阳光线
起隔热作用
车辆噪音的吸收和反射减弱
振动波的吸收和缓冲
二氧化碳的吸收
大气过滤与净化作用
太阳光线的反射减弱

环境景观设计

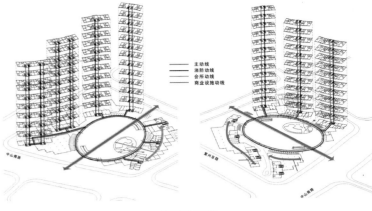

竖向动线分析图

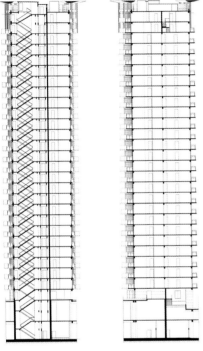

1号楼剖面图

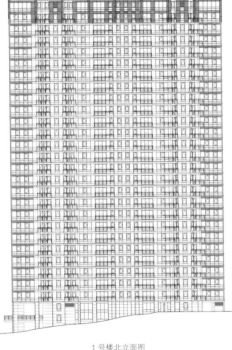

1号楼北立面图

噪音、尘埃污染较大等一系列城市中心区的环境弊端，节约了土地资源。另外，由于商业设计的特殊性，以及被提升了的住宅建筑的第三层被设计成可供住户公共活动的架空层，因此，从第四层开始的最低的居住层标高就已经达到了9 m以上，进而保证满足了低层住户面向黄浦江的视野，充分发挥了商业建筑的优越性。

2. 山水住宅

在市中心塑造真正的山水住宅，这种"儒道互补"的传统情结在最近几年越来越接近大都市的人们。地块周围已经拥有独一无二的水系——黄浦江，于是，我们在商业裙房上覆土筑山，种植草皮和灌木。依山傍水，使其和黄浦江相映成辉。起伏的人工丘陵不仅提供观赏江景的平台，其自身也是一道独特的风景，使建筑更加自然的融合到地块中去，犹如从土地中生长出来一般，在视觉上形成"动静结合"的效果。此外，丘陵上的草皮还能对建筑起到隔热、保温等生态节能的作用，采光塔的设置，更为底下的住宅大堂空间带来自然光照，节约能源。自然与都市对比协调，相互融合成居民休闲、漫步、眺望江景的第二自然。

3. "环状高架"

为了满足高层住宅的消防登高面的需求，导入了国际上先进的立体都市的设计手法，在底层裙房建筑的内圈顶部上，沿各幢住宅的内侧形成环行的立体通道，既能满足紧急时的消防需求，且提供了休闲散步、跑步晨操的场所。这座"环状高架"成为了世界上独一无二的景观亮点，并通过这个椭圆形将各栋建筑单体有机地联系在了一起，融成了黄浦江西岸气势磅礴又颇具特色都市新景观的环状高架。

复合地产，楼盘配套，花园社区
**Complex Real Estate, Residential Building Facility,
Community With Garden**

田园式生态景观居所
Garden Style Ecological Landscape House

占地面积：71031 平方米
建筑面积：106546 平方米
容积率：1.50
绿化率：60%
开发商：上海中房置业股份有限公司
建筑设计：RIA 国际都市建筑设计研究所
户数：800 户
项目特色：生态景观住宅
项目位置：浦东环林东路 270 弄

Occupied Area: 71031m²
Building Area: 106546m²
Plot Ratio: 1.50
Greenery Ratio: 60%
Developer: Shanghai Zhongfang Property Co., Ltd.
Architectural Design: Research Institute of Architecture
Number: 800
Project Characteristics: Ecological Landscape House
Project Location: No. 270 East Huanlin Road, Pudong

三林樱桃苑位于三林路和环林东路、东明路的交接处，中、外环线之间，三面环路，北临三林塘滨水景观带。主次出入口均设在基地东西两侧较为僻静的道路上。由于地处郊外，建筑密度较低，拥有良好的自然环境。在"营造田园式的宁静与安详，构筑和谐的生态环境，为现代人提供优雅舒适的居室"的设计指导思想下，建筑设计从平面布置到空间塑造均表现出柔和飘逸、清新宜人的和谐空间环境，通过灵活多变的空间布局，保证了每个住户优良的采光和通风以及景观视野的最大化。

1. 住宅

有着曲面外形的住宅建筑单体与相邻建筑相互呼应，在基地内形成四条流畅的曲线，使得建筑与小区景观环境和谐共生，而屋顶的片状构架更加强了这种联系，成为景观的有机组成部分。住宅建筑的南立面采用全玻璃，弧型的建筑体态配合整体的空间造型，更让全方位的景观映入室内。平面设计南北通风，明厨明卫，一户一梯，所有的房型电梯进户；二房面积90多平方米，三房120多平方米；且单栋楼的房型相同，二房和三房互相独立成栋，让家庭状况相近的住户相对集中在一起，有利于社区居民的交流融合；同时，每户一个车位以上的配置在不久将会显示出这一具有远见的决策的效应，是该地区为数不多的高品质住宅楼。

2. 商业建筑

有别于通常的将商业建筑设在住宅建筑底层的做法，本案中商业建筑与住宅建筑分离，以减少商业喧闹对住宅的影响，同时在空间上形成一个内庭，为住宅塑造了一个安静的小区环境。与住宅的淡雅宁静不同，商业建筑委婉曲折而富于变化的外形，配以暖色系的色彩渐变，塑造了活泼热闹的商业场景。

3. 环境景观

景观设计遵循"以人为本"的设计概念，在布局上既有大型的公共开放性景观空间，也有较为安静和私密的小型景观区域，以满足不同人的心理和观景需求。小区以柔美曲线形道路进行分割，实行人车分离，规划使每家每户都能把美景尽收眼底。景观节点分为"石园"、"艺术园"、"花园"、"体育园"、"生态园"以及一个沟通地上

地下、为地下室带来阳光和空气的"下沉式广场"（可惜施工还未按设计全部实施），各个区块各具特色又互为整体，构成一个有机的空间，"步移景异"在这里得到了完美的诠释。各主题空间穿插了不同的林木，随着四季变化而变化，予人静中有动的感受。小区中部的五幢建筑底层架空，成为联系大小景观空间的一个过渡的"灰空间"，配以各类植物及枯山水等不同的景观，提供了居民阴雨天进行户外活动的场所。小区的另一亮点是椭圆形的会所，被一条曲线分成虚实两个部分的建筑实体将为此小区的居民提供健身交流的空间，大大提升了小区的品质。小区北面的滨水景观带被重塑，三个半圆形的亲水平台及西北侧的网球、篮球场，将为人们带来更多锻炼的机会。

5号楼北立面图　　　　　　　　　　　5号楼剖面图

标准层平面图

总平面图

复合地产，楼盘配套，花园社区
**Complex Real Estate, Residential Building Facility,
Community With Garden**

深圳莱蒙·水榭春天

LAIMENG SHUIXIE
SPRING, SHENZHEN

生态宜居的城市家园
Livable Ecological City House

占地面积：167000 平方米
建筑面积：565892 平方米
容积率：3.44
绿化率：35%
开发商：深圳市水榭花都房地产有限公司
建筑设计：香港华艺设计顾问 (深圳) 有限公司
户 数：2500 户
项目特色：水景住宅
项目位置：深圳宝安龙华二线拓展区人民南路和布龙路交汇处

Occupied Area: 167000 m²
Building Area: 565892 m²
Plot Ratio: 3.44
Greenery Ratio: 35%
Developer: Shenzhen Shui Xie Hua Dou Real Estate Development Co., Ltd.
Architectural Design: Hongkong Huayi Designing Consultants(Shenzhen) Co., Ltd.
Number: 2500
Project Characteristics: Waterscape House
Project Location: Shenzhen Bao'an Second Line Development Areas Longhua,
South Renmin Road and Bulong Road Cross

水榭春天位于深圳市宝安区龙华二线拓展区人民路和规划路富国路交汇处东南侧，地铁 4 号线红山站出口处，总用地面积 167000m²，总建筑面积 560000m² 的大型城市综合体项目，建成后将集居住、购物、休闲、娱乐、餐饮、康体等功能于一体，成为龙华新城核心项目，是深圳市三大都市副中心中最大规模最瞩目的项目之一。

先行启动区域用地面积 91966.47m²，总建筑面积 369645.82m²，包含 3 栋 18 层和 9 栋 33-34 层的住宅、1 栋 3 层幼儿园、社区服务中心和商业等。套型面积小于等于 90m² 户型占总住宅建筑面积比例为 70%。分三期开发。一期开发沿人民路一侧的中高层住宅及幼儿园、配套设施、底层商铺。此开发部分，既能形成沿城市主干道的良好城市形象，又能快捷推向市场。二期开发区间路以北的高层住宅，主要为 4 栋 33 层的高层住宅，使之与一

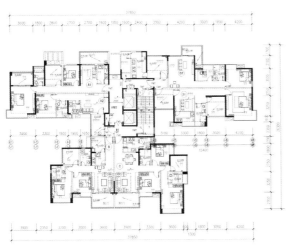

3，5 号楼 2-32 层偶数层平面图

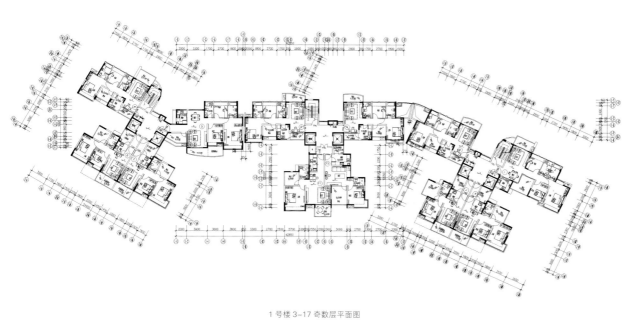

1 号楼 3-17 奇数层平面图

▶

期中高层住宅形成一相对完整的小区形态，同时兼顾了住宅产品的多样性。三期开发区间路以南的高层住宅及两万多平方米的商业，在总体布局上形成小区完整的平台大花园格局。同时，商业的开发也与周边物业的开发时期相匹配，使商业的运营有良好的市场支撑。

设计力求突出其在城市次中心的重要地位，并兼顾整个项目的后续开发的可持续性，旨在为城市提供一个生态型的，具有自我调节能力的城市综合体，为居者创建一个生态宜居的城市家园。本项目内容较复杂，包含了大量的住宅与商业等功能。

通过周边利弊条件的利用与回避，以中高层沿人民路布置，减少了对城市的压迫感，并为小区内部创造了更为舒适安静的空间。同时，也有利于一期迅速开发。中高层与高层建筑分别形成两个尺度、形态不同的庭院，丰富了小区环境的层次感。

穿越小区的区间路，以下沉式的方式设计，保证了小区内部环境的连续性、完整性。住宅单体从规划上尽可能做到户户有景、户户朝向，充分享受区内、区外的景观和阳光。

本项目突出生态可持续性的主题。高层住宅以板点结合，营造出一个开放性的中心大庭院，而中高层以与高层之间形成一个带形的庭院，中部与主入口和中心大庭院相对应贯通，使小区内的庭院空间相互融合形成收放有致的空间层次。

采用立体化的设计手法，实现人车完全分流。利用下沉式的区间路，小区住户车行及商业车行、商业货运、垃圾车运行的车行出入口均开向区间路，与地面的人行交通完全分离，同时有效的分解了城市道路的车行压力，使东西双向的车流能根据城市道路的状况合理分流。

ZHONGHAI SUNLIGHT ROSE GARDEN

中海阳光玫瑰园

东南亚风情园林式居所
Southeast Asia Style Garden House

占地面积：37591 平方米
建筑面积：110498 平方米
容积率：2.94
绿化率：30%
开发商：中海地产（深圳）有限公司
建筑设计：香港华艺设计顾问（深圳）有限公司
户 数：1500 户
项目特色：景观居所
建筑类别：塔楼、高层
项目位置：深圳南山前海路与港湾大道交汇处

Occupied Area: 37591 m²
Building Area: 110498 m²
Plot Ratio: 2.94
Greenery Ratio: 30%
Developer: Zhonghai Real Estate(Shenzhen) Co., Ltd.
Architectural Design: Hongkong Huayi Designing Consultants(Shenzhen) Co., Ltd.
Number: 1500
Project Characteristics: Landscape House
Building Category: Tower, High Building
Project Location: Cross of Gangwan Avenue and Qianhai Road, Nanshan, Shenzhen

中海阳光玫瑰园地处南山前海路，是中海阳光棕榈园的姊妹篇，项目紧邻深圳名校深大附中，拥有青青世界、月亮湾公园、大南山郊野公园、前海湾海景等稀缺的自然景观资源。项目周边有多条公交线路经过，随着地铁1号延长线和5号线的开通，片区交通的便利性会得到极大提升。

中海阳光玫瑰园占地37591.6m²，总建筑面积110498m²，项目东南向规划成完全开敞式的空间，使其面向资源较好的大南山及青青世界，使东南亚风情园林景观与城市景观完全融合。

户型分布为一房、二房、三房，打造空中露台、观景阳台、入户花园等多功能附赠空间外，还设计了N+1空间，充分考虑了白领精英在不同时段的成长家庭需求。主力户型：47－53m²一房、66－84m²二房、86－113m²三房主要亮点：

20000m²东南亚风情园林，U型半围合式布局，面山观海，超宽楼间距，开窗即见大南山四季景观，高层更可欣赏开阔海景；首层架空层泛会所，挑高4.8m，既能满足业主雨季休闲娱乐需求，又与中庭园林完全融合。

01 主入口太阳广场 / SUNNY SQUARE
02 主入口水景 / ENTRY WATER FEATURE
03 主入口岗亭 / GUARD HOUSE
04 残疾人坡道 / RAMP FOR DISABLED PERSON
05 愉悦水景 / WATER FEATURE
06 主景观道 / MAIN WALKWAY
07 幼儿园后广场 / KINDERGARTEN BACK PLAYGROUND
08 休闲草坪 / RESTING LAWN
09 主题雕塑广场 / THEME SCULPTURE SQUARE
10 下沉表演广场 / SUNKEN PERFORMANCE SQUARE
11 观光平台 & 下沉式更衣室 / VIEWING DECK
12 泳池旁休闲平台 / RESTING DECK
13 成年泳池 / SWIMMING POOL FOR ADULTS
14 儿童泳池 / SWIMMING POOL FOR CHILDREN
15 池畔景观亭 / SWIMMING POOL DECK
16 按摩池 / MASSAGE POOL
17 池畔平台 / SWIMMING POOL DECK
18 跌水 / CASCADE
19 迷幻乐园 / MAGIC PARK
20 特色健身草坪 / OUTDOOR EXERCISE LAWN
21 消防登高场地 / EVA AREA
22 地下停车场入口 / BASEMENT ENTRANCE
23 停车场 / PARKING AREA
24 商业街 / COMMERCIAL STREET
25 次入口广场 / SECONDARY ENTRANCE PLAZA
26 旱冰广场 / ROLLER SKATING SQUARE
27 商业街形象广场 / FEATURE PAVING SQUARE
28 车行入口 / VEHICLE ENTRANCE
29 小区次入口 / SECONDARY ENTRANCE
30 售楼处入口 / RECEPTION HALL ENTRANCE
31 售楼处休憩区 / RECEPTION HALL REST AREAS
32 垃圾存放处 / GARBAGE DEPOSITARY

2栋2单元D户型86.8m²平面图

2栋2单元E-F户型77.6m²平面图

2栋2单元A户型77.5m²平面图

复合地产，楼盘配套，花园社区
**Complex Real Estate, Residential Building Facility,
Community With Garden**

深圳金光华龙岸花园
LONG'AN GARDEN,
SHENZHEN KING-GLORY

城市生活对山、水栖居的追求
Urban Love for Habitation By Hill and Lake

开发商：深圳金光华实业集团有限公司
设计单位：深圳市华域新实践国际景观设计有限公司
项目位置：中国深圳
用地面积：102,000 平方米

Developer: Shenzhen King-glory Commercial Co., ltd
Designer: Cn-domain Architecture & Landscape Design, Inc
Project Location: Shenzhen, China
Ite Area: 102,000m²

▶

上风上水中轴线

龙岸正居深圳南北中轴线向北延长段，南面水库保护区，基地呈两峡一谷的形态，整个场地高于周边地块。项目依此上风上水之风水格局潜心规划设计，精心建设打造。项目依托此格局，将高层区沿外围依两山布局，多层和高档别墅区在中心区，景观设计因势利导造景观湖形成核心景观区，并以湖、山为基本元素，淋漓尽致地将依湖而栖、傍山而居的生活特质进行诠释。

含蓄向心的景观格局

山湖格局及高层在外，多层在内的基本布局，确定了景观序列的含蓄向心的特质。

由项目主入口进入，首先穿过浓荫遮蔽的入口花园，伴随着气势滂薄、潺潺而下的跌水，到达台阶的上方后，成组的加纳利海藻迎面而来。视线向前延伸，湖已在近前，波光潋滟，花木葳蕤。城市的喧嚣恬噪早已不在，在古榕下，滨湖的栈道旁，生活就在此处。

依湖而栖

别墅区沿湖展开，并向南北两侧坡地沿伸。中心湖景为项目的核心景观区域。在此设计着重于充分展示湖的景观价值并强化湖与人的活动的交流。以会所为背景设置了亲水广场，由亲水广场沿伸出沿湖的公共木栈道和上山的主通道。沿湖北岸和西岸的别墅均设有私家亲水平台，与水亲切对话。设计巧妙地利用绿岛和跌水造景将水景延引到会所地下室顶板上，在技术上解决了水景"跨缝"的难题。形成了一个充满动感的浅水区，也使人出会所便得水景。

复合地产，楼盘配套，花园社区
**Complex Real Estate, Residential Building Facility,
Community With Garden**

观湖国际（雅景湾）

地中海风情现代水岸居所
Mediterranean Style Modern Lake House

占地面积：75000 平方米
建筑面积：240000 平方米
容积率：1.99
绿化率：38%
开发商：广州市恒升房地产公司
建筑设计：华森建筑与工程设计顾问有限公司
户 数：1000 户
项目特色：水景地产、景观居所
项目位置：广州花都新华镇滨湖路东侧，西临天贵路，东临新街河公园

Occupied Area: 75000 m²
Building Area: 240000 m²
Plot Ratio: 1.99
Greenery Ratio: 38%
Developer: Guangzhou Hengsheng Real Estate Co., Ltd.
Architectural Design: Huasen Architectural & Engineering Designing Consultant Ltd.
Number: 1000
Project Characteristics: Waterscape Real Estate, Landscape House
Project Location: Guangzhou Huadu Xinhua Town East of Binhu Road, West of Tiangui Road,
East Face Xinjiehe Park

领辉 C02 单元平面图

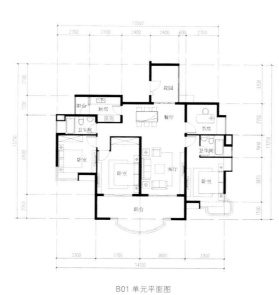

B01 单元平面图

领盛 02 一至二十七层平面图

▶

　　观湖国际（雅景湾）地处花都新华镇的东南面，距广州市中心 18km，建设用地面积约为 75000m²，总建筑面积约 240000m²，一期占地面积 113 亩，建筑面积 168000m²。

　　观湖国际（雅景湾）楼距开阔，两梯 3 到 4 户，绝大部分单位南北对流，几乎户户户面对 600000m² 的湖面和湖对岸的森林公园，户户私家空中入户花园，观湖国际以国际第 4 代人居标准为高度，以 600000m² 广阔水域为主题景观，融入自然生态气息，其中首层 6m 超高架空，将温润、清爽的水岸生态气候，引入每个角落；并有开敞式湖岸会所，隔岸对望森林公园。

　　小区内 6 层住宅楼距在 30m 以上，一梯两户，南北对流，其中一楼及顶层均带花园；而高层住宅户户面对 800m 宽湖面和湖对岸的山顶公园，户户有近 40m² 的私家入户空中花园，并配备观光电梯，首先推出 30000m² 的建筑面积，大约有 200 套单位，大多为 120m² 或以上三房。

　　花都城区将利用现有的河道，建设一个人工湖，而新开工的雅景湾正好就在人工湖的旁边，发展商称将利用这一资源，将雅景湾建设成为花都城区最高档的楼盘。雅景湾 6 层的住宅楼楼距全部超过 30m，一楼及顶层均带私家花园，户户有近 40m² 的私家入户空中花园。

广州万科城市花园

VANKE CITY GARDEN, GUANGZHOU

生态国际社区，人居典范

Ecological International Community, Humanity House Model

占地面积：136000 平方米
建筑面积：200000 平方米
容积率：1.53
绿化率：36%
开发商：广州市万科房地产有限公司
建筑设计：广州瀚华建筑设计有限公司
户 数：3900 户
项目特色：花园洋房
项目位置：广州黄埔大沙地东路以北、石化路以西

Occupied Area: 136000 m²
Building Area: 200000 m²
Plot Ratio: 1.53
Greenery Ratio: 36%
Developer: Guangzhou Vanke Real Estate Co., Ltd.
Architectural Design: Guangzhou Hanhua Architects Engineers Ltd.
Number: 3900
Project Characteristics: Garden House
Project Location: West of Shihua Road, North of Dashadidong Road, Huangpu, Guangzhou

二期 J2 栋标准层平面图

G 栋偶数层平面图

　　万科城市花园，位于黄埔区大沙中心区，临近区政府，是黄埔的行政中心、商业中心。北侧是规划公园，可以近享一块完整的生态绿地，西侧则临近政府规划中文化中心，政府计划建设区图书馆、科技馆、博物馆等一批文化设施。总共分为二期，共38栋楼。其中一期的分别有A、B、C、D、E、F、G、H、栋，大多数是一梯三户的户型和一梯四户，而二期是N、J、P、K、L、M，以两梯5户为主。小区总的楼盘是十一层建筑为主，只有G、H、P、L、K、M、则为十八层建筑！

　　城市花园一期将以12层电梯洋房为主，另有少量15-16层单位，总货量700套左右，户型类型较多。该楼盘外立面比较时尚、缤纷，园林设计上会有创新，户型设计方面也有新的突破。多样化的户型代表着不同的个性，万科城市花园，既充分考虑户型的功能性、实用性，最大限度提高房间的实用效率，实用率高达86％左右，并且在风向、日照、景观等方面取得均衡；同时更强调户型的独特性，通过空间的改造，赋予居住不同的价值，为追求个性的人士倾力打造。

　　项目规划特意将建筑全部靠地块边上规划，在地块中间留出一条贯穿小区的景观轴，在楼宇与楼宇之间更营造多个小主题园林，这样尽量加大园林面积，也让每一户单元都能看到园林景观。

　　建筑的朝向根据地块特征，在东南、西南两个方向上进行纵向布局，从而使大部分房间能够南向采光，获得充足日照。同时，此种布局也使住宅朝向均面对中央景观轴线及各主题花园，再加上合理的开窗与阳台设置，使住户观景需要得到最大限度的满足。

　　万科城市花园拥有300m景观中轴线、9大主题园林、8处泛会所、2大生态泳池、10000m² 商业中心。

复合地产，楼盘配套，花园社区
Complex Real Estate, Residential Building Facility, Community With Garden

光大水岸榕城

GUANGDA
SHUIANRONGCHENG

原生态现代人文精品社区
Ecological Modern Humanity Community

//

占地面积：130000 平方米
建筑面积：388000 平方米
容积率：2.85
绿化率：40%
开发商：广州市光大房地产开发有限公司
建筑设计：广州瀚华建筑设计有限公司
户 数：3000 户
项目特色：江景住宅
项目位置：广州海珠工业大道北榕景路

Occupied Area: 130000 m²
Building Area: 388000 m²
Plot Ratio: 2.85
Greenery Ratio: 40%
Developer: Guangzhou Guangda Real Estate Co., Ltd.
Architectural Design: Guangzhou Hanhua Architects Engineers Ltd.
Number: 3000
Project Characteristics: River View House
Project Location: Beirongjing Road, Haizhu Gongye Avenue, Guangzhou

光大水岸榕城占地 130000m²，地块为原广重厂地块南区，位居珠江东畔，毗邻地铁沙园站，原生榕林环绕，依托占地 500000m² 光大城大型社区成熟的商业配套，将其打造成大型的榕林、江畔人文精品社区。住宅采用高层和小高层相结合，以现代风格为主，最大限度的保留地块中的原生参天树木，并结合项目毗邻珠江的优势，以此为基础打造富有广州特色的江畔园林。同时对于工厂的历史价值也会选择性保留。

　　光大水岸榕城是由高层、小高层楼宇采用中心围合式布局而成，小区内人车分流，绝大部分户型是座北朝南，南向望中心园林，楼距开阔，最宽的楼距达上百米。各栋楼的通风采光互不影响。

　　水岸榕城的园林设计尽可能保留原来地块上面的原生大榕树，园林是让人倍感亲切、和谐自然的原生态风格。组团内有两大景观轴—"绿轴"和"江轴"贯穿环绕，在设计上着意打造"一动一静"的景观轴，除了两大景观轴之外，组团内还有中心园林。从走进水岸榕城到回到家中，一路上是榕林掩映，景随人动。

　　其中一个主要的景观轴是东西走向的江轴。江轴是一条 800m 长的榕林大道，保留了数百棵原广重厂的原生大榕树，树龄都是在几十年以上的，所以树冠特别大。另一个景观轴是南北走向的绿轴，与江轴的大气开阔的感觉不同，绿轴上的植物种植更加讲究层次和搭配，在园林也设置了景致的园林小品和休闲的设施，营造一种曲径通幽，恬静和雅淡的美感。

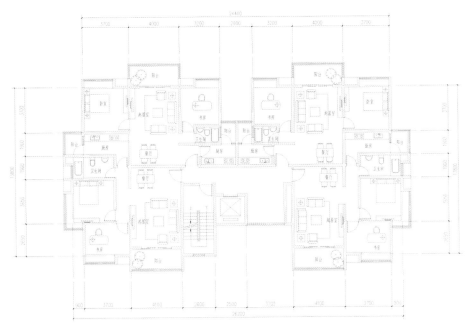

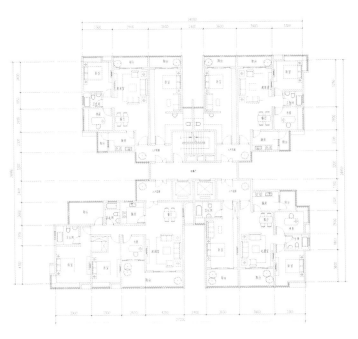

K1 栋标准层平面图　　　　　　　　　　　　　　　　　　　　　　　　　　　K8 栋 2-7 层标准层平面图

复合地产，楼盘配套，花园社区
**Complex Real Estate, Residential Building Facility,
Community With Garden**

IMPERIAL GARDEN'
S PAVILION ORCHIS,
GUANGZHOU

广州兰亭御园

浓郁岭南人居文化高尚住宅
Lingnan Style Culture Noble House

占地面积：20000 平方米
建筑面积：100000 平方米
容积率：4.00
绿化率：31%
开发商：广州广电房地产开发有限公司
建筑设计：广州瀚华建筑设计有限公司
户 数：110 户
项目特色：景观住宅
项目位置：广州海珠区同福中路（海珠少年宫旁）

Occupied Area: 20000 m²
Building Area: 100000 m²
Plot Ratio: 4.00
Greenery Ratio: 31%
Developer: Guangzhou Guangdian Real Estate Co., Ltd.
Architectural Design: Guangzhou Hanhua Architects Engineers Ltd.
Number: 110
Project Characteristics: Landscape House
Project Location: Middle Tongfu Road, Haizhu District, Guangzhou(Nearby Haizhu Youth Palace)

兰亭御园位于海珠区中心地段南华西路和同福中路交会处，宝岗大道、江南西等海珠区中心商圈为项目辐射的十分钟生活圈，临近有三百多年历史的名胜园林—海幢公园。项目定位为"传承地缘，海幢文化"，以秉承"开创文化景地，演绎城市和谐"为宗旨，将岭南园林的造园精髓完全融入到项目中，通过现代建筑和传统文化的完美融合，在市中心区域打造一个集教育强区、富商集居地历史、海幢公园文化、自然人文环境、独特的岭南园林社区于一体的高档精品社区。

建筑设计

该盘项目规划为6栋30层高层建筑，形成了一个"U"形的半围合空间。立面采用现代手法及元素与传统的窗花符号形式相结合的设计手法，结合特殊的平面特点，达到形式与功能的协调统一。在立面材质上，采用了以白色调为主、局部配有浅灰色调的活跃立面，使人耳目一新。在满足节能要求的前提下，尽可能大地开设玻璃窗，既保证了良好的通风采光，又加大了视野。

1-3层都是群楼，3层开始层是住宅，首层、二层架空，有部分的位置留出来做会所。两梯四户或者是五户。在立面造型上，整体设计结合文化内涵，色彩清新高雅，现代感强烈。从传统岭南建筑尤其是西关地区的建筑文化中提取素材，并与现代造型手法相结合，力求创造出新型的城市居住建筑风格，在获得现代居住空间理想氛围的同时，将传统文化的新美感融入到城市空间的一体化之中。

► 园林景观

　　小区园林由中心园林、架空绿化及空中绿化多层绿化空间构成。以岭南园林为载体来塑造小区的文化园林形象，整体与局部并重。表现了岭南园林移步换景，曲径通幽，小中见大的园林精髓。重视叠石、水景等创作技巧，巧于借景与对景，突出园林的文化底蕴，力求创造一个具有浓郁人居文化氛围的高尚住宅小区形象。

　　项目致力为未来的住户提供优越的居住环境——拥有三重立体景观园林，为住户提供优越、理想人居环境。项目东瞰海幢公园，北向高层单位远眺珠江，南望中心组团的岭南园林。

户型设计

　　舒适型户型结合高品质装修，彰显生活优越，本项目主力户型以舒适型的三房和二房为主，保证每户客厅和主卧室朝向良好，视野开阔，并避免视线干扰。每户均按双阳台设计即客厅设阳台和厨房设阳台，相当一部分拥有入户花园、空中大阳台等多种特色户型，专门为实力型的买家提供宽敞的生活空间。

T1（3-30层）平面图

T2（3-30层）平面图

LIXIANG 0769 QIN GARDEN.
DONGGUAN

东莞理想 0769·沁园

理想居住城邦，现代人文社区
Ideal Living District, Modern Human District

占地面积：72559 平方米
建筑面积：119703 平方米（住宅面积 106269 平方米，
商业面积 13151 平方米）
容积率：1.58
绿化率：30.3%
开发商：富通集团
户数：1095 户
项目特色：水景别墅、花园洋房
建筑类别：联排别墅、花园洋房、公寓
项目位置：东莞市万江四环路理想大道段

Occupied Area: 72559 m²
Building Area: 119703 m²(Residential Area 106269 m², Business Area 13151 m²)
Plot Ratio: 1.58
Greenery Ratio: 30.3%
Developer: Futong Group
Number: 1095
Project Characteristics: Waterscape Villa, Garden House
Building Category: Townhouse, Garden House, Apartment
Project Location: Dongguan Wanjiang Forth Ring Road Lixiang Street Are

▶

　　理想 0769 总建筑面积 500000m² ，地处东莞市万江中心区，位于万江大道与四环路交叉处北侧，规划中的广深轻轨东莞站距项目南侧约 200m。项目整体分四期开发，由 46 栋 9–11 层的小高层建筑组成，整体规划通过主景观轴贯穿地块南北，与大量的水景观带交相辉映。建筑风格轻盈现代，整体规划、建筑立面、景观设计、配套设施等均以加拿大风情为主题，户型设计以大开间、小进深的板式住宅为主，细节亮点充分体现人性化，入户花园、空中花园充分提升居住品质。

　　理想 0769·沁园作为 500000m² 理想大社区的收官封鼎之作，总建筑面积为 120000m² 左右，沁园从整体规划、产品设计、园林打造等各方面较前三期都有极大提升。首先，四期与前三期相比，地块相对独立，位于项目整个地块的北部。因此，在规划上打造更品质、私密的园林和社区。四期整体上是外围高层布局围绕中央大型水景园林，其中接近 3000m² 的中央水景和无边界泳池是四期的一个突出卖点，依水景布置联排别墅和情景洋房，形成高品质、舒适性极强的组团。

　　园林最大亮点在于人性化和观赏性的完美结合，社区将树木、水景、学校、图书馆、医院、购物这些理想生活的因素充分地结合，将时尚、现代与生态自然融合为一体。

联排别墅 188m² 一层平面图

联排别墅 188m² 二层平面图

联排别墅 188m² 三层平面图

一层平面图

二层平面图

▶

水体面积、园林小品等配置合适且优雅；别墅和洋房混合，布局合理，层次错落，疏密有致。

四期沁园有联排及情景洋房等前几期没有的建筑类型，以多层、小复式公寓、高层洋房、立体化多层情景洋房及湖景联排别墅等5种产品，面积跨度从50～160m²以上不等，产品线极为丰富。均以组团规划，其中联排别墅组团依水而建，景观和私密性都达到最大化，绝对是稀缺性珍藏品。

为了提高沁园整体居住的舒适性，首次规划了点式住宅，这样可以最大化的打造中央园林景观，实现了园林最大化、楼间距最大化，同时保证整个小区的通透性、私密性。

联排别墅180-200m²，赠送高达63m²的私家庭院，情景洋房150-200m²，超高附加值产品，赠送前庭后院与地下室；复式公寓38-52m²，买一层送一层，单房变两房，绝版精致复式生活，尊享上层生活。沁园中的13到16座四栋楼，它的四个单元呈十字形分布，因此几个单元都可以轻松地实现三面采光。面积约有6m²的入户花园，可以改成健身房、茶室等等。房间动静分区，干湿分明，从客厅出阳台可以实现超大视野的主体园景。

复合地产，楼盘配套，花园社区
Complex Real Estate, Residential Building Facility, Community With Garden

深圳红树西岸
MANGROVE WEST BANK SHENZHEN

滨海特色，现代顶级豪宅
Seaside Features, Modern Top Mansion

占地面积：75101.8平方米
建筑面积：255300平方米
容积率：3.40
绿化率：77%
开发商：深圳红树西岸地产发展有限公司
建筑设计：美国 ARQ 公司 \ 本纳道·霍先生
户　数：1301 户
项目特色：滨海住宅
项目位置：深圳南山区滨海大道红树湾

Occupied Area: 75101.8 m²
Building Area: 255300 m²
Plot Ratio: 3.40
Greenery Ratio: 77%
Developer: Shenzhen Mangrove West Bank Real Estate Development Co., Ltd.
Architectural Design: American ARQ Company, Mr. Bernardo Fort-Brescia
Number: 1301
Project Characteristics: Seaside House
Project Location: Mangrove Bay, Binhai Avenue, Nanshan District, Shenzhen

▶　　项目位于深圳市南山填海区西南，南面可推窗见海，红树林湿地和香港天水围尽收眼底，北临"世界之窗"、"中华民俗村"，西面紧靠沙河高尔夫球场，东面是红树湾规划中的大型中央主题公园，户户见海，独瞰绝佳自然海景景观。

　　为充分利用资源，百仕达集团就已决定将之建成代表中国最高级别的、独一无二的、最具滨海特色的人居社区。聘请世界著名的建筑设计大师、美国ARQ公司总裁本纳道·霍先生（Mr. Bernardo Fort-Brescia）亲自主笔。本纳道先生以其殿堂级大师的独特智慧，将现代西方滨海生活理念融入到红树西岸的自然神韵之中，创造出南中国最具滨海特色的现代豪宅，成为彰显现代上善生活的艺术珍品。碧水蓝天融于红树湾绿色生态区，大视野、全景观，坐拥现代商务智能空中豪宅气度。

　　为了将红树西岸建设成南中国最具滨海特色的现代高尚小区，我们集合了强大的国际合作团队，在楼盘的产品质量上完全看齐香港的一线豪宅，务求创造一个符合精英人士居住需求的高素质物业。项目是一个拥有多样化户型的顶级豪宅，面积由120m² 至500m²，房型由两房到六房，包括平面和复式单位等多元化的设计，主力户型150-260m²，2梯2户，拥有三大主题会所（休闲会所、运动会所、商务会所），私家幼儿园、超市、地下景观车库等配套设施，彰显南中国最具滨海特色的豪宅上善生活品位。用料、配件及各项智慧化的设备更与十大国际品牌合作。考究齐全，尽现品味，再配上宽阔露台及超大楼距安排，不论是投资还是自住，均可满足不同买家对生活细节上的要求与需要。

多面怡人景观 视觉最佳享受

红树西岸为住客提供丰富的视觉享受，楼盘外墙是隔音、隔热及安全性极高之 Window Wall 设计，犹如晶莹剔透的水晶艺术品一样，使日光能轻易地渗进室内每一个角落，无须调动窗帘就能获得多样化的光线环境。而室外醉人景观亦毫无阻隔，近看有逾万平方米的热带水景园林，远眺有浩淼的深圳湾、倚峦的香港远山、清新的后海湾区和翠绿的沙河高尔夫球场等；还有红树林湿地和香港天水围也尽收眼底，配上飞翔的海鸟，生态景致美不胜收。

细心建筑安排 市建局高度赞扬

独有的无梁楼盖，使整体空间感大大增强，住客不用受梁的限制，在装修设计上可以更挥洒自如，营造心水间格。项目首创景观车库概念，保证了停车场能够自然采光和通风排气。此外，楼盘采用了同层排水系统及 30cm 隔音楼板，为全国楼板最厚及唯一带隔音材料，能大幅减少上下邻居之间的互相噪音干扰，保证住客个人与住所之隐私。红树西岸还获得了国家权威建筑认证机构—中国建筑科学研究院之建筑结构振动台试验认证。楼盘在建筑质量上的努力，令深圳市建设局将红树西岸列为深圳建筑质量的第一名，并向行业内高度推荐。

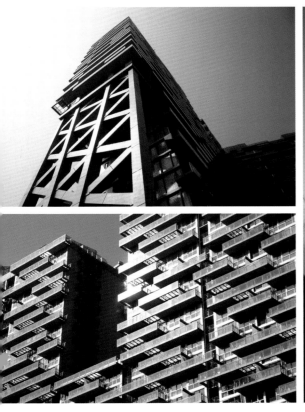

广州时代 YOU 公寓

SHIDAI YOU APARTMENT,
GUANGZHOU

时尚现代酒店式公寓
Fashion Modern Serviced Apartment

占地面积：20000 平方米
建筑面积：4000 平方米
容积率：4.21
绿化率：20%
开发商：时代房地产开发有限公司
建筑设计：澳大利亚 IAPA 设计顾问有限公司
户 数：322 户
项目特色：酒店式公寓
项目位置：广州越秀先烈南路 9 号

Occupied Area: 20000 m²
Building Area: 4000 m²
Plot Ratio: 4.21
Greenery Ratio: 20%
Developer: Time Real Estate Development Co., Ltd.
Architectural Design: Australia IAPA Design Consultant Co., Ltd.
Number: 322
Project Characteristics: Hotel Apartment
Project Location: No.9 South Xianlie Road, Yuexiu, Guangzhou

▶

　　时代国际商务大厦整个项目一共是有 22 层楼，总体是有 300 多套公寓，分成 8 个不同的户型，其中有些户型除了阳台，或周围一些特殊的屋顶空间，所带来一些小的变化之外，基本是由 8 个主要的户型组成的。配套设施包括健身房、露台的游泳池，在 20 多层的楼顶，是广州的市场上唯一一个设计到楼顶的露台游泳池。

稀缺中心地段

　　时代国际商务大厦位于繁华的环市路商圈，紧邻建设六马路，周边生活、教育、娱乐配套齐全，你可以用十分钟的步行把自己带回公司，也可以用 10 分钟玩转另一片繁华。你可以一下午在咖啡、红酒、山茶中流转，也可以一晚上多个派对扮演不同的角色。

气质时尚设计

　　时代国际商务大厦前卫、设计感十足，时尚外立面，大手笔精装修，阶梯形建筑设计、可推拉折叠的百叶阳台，气质随心绽放，感受整个项目更是一件艺术品。

▶

超值小户型

小户型设计公寓，商业办公性质，商住两相宜，约 37–50m² 的单身公寓、约 60m² 的一房一厅，约 87m² 的二房一厅，高品质、高品位的超值精装修，艺术空间，是城心热捧的投资与品味居住之品。

至尊天面泳池

21 层楼顶的天面泳池，背对天空，面向自己，漫游天际，全城唯一的天面泳池，浮出城市之上的繁华私城，健康美态随心释放。你可以白天在泳池边去欣赏蓝天和云朵，也可以晚上去俯视一座城的繁华。

屋顶游泳池是这个项目非常独到的特点，游泳池的设计是充分考虑到住在 YOU 公寓这些固定人群他们生活方式的需要，一个 25m 长的标准短池，4 个泳道也对整个 YOU 公寓提供了一些高品质的享受。由于它的位置非常无独特，站在屋顶上向南是优美的城市公园，向北可以看到繁华的都市群，特别是在晚上可以举办泳池派对，或者客户内部私人的聚会。相对来说，可以在欣赏到非常优美的城市和自然景观的同时，又有高度的私密性，这是给客户的一个独特的元素。

对游泳池所有细部的设计有充分考量，都考虑到所有习惯了国外生活方式人群，完全保持同步的设计法。

复合地产，楼盘配套，花园社区
**Complex Real Estate, Residential Building Facility,
Community With Garden**

东南亚风格园林，居住典范社区
Southeast Asian Style Garden, Living Example District

东莞万科金域蓝湾
VANKE PARADISO,
DONGGUAN

占地面积：91800 平方米
建筑面积：250000 平方米
容积率：2.00
绿化率：37.69%
开发商：东莞市新世纪明上居商住开发有限公司
投资商：东莞市万科房地产开发有限公司
建筑设计：广州瀚华建筑设计有限公司
景观设计：泛亚国际
户数：1992 户
项目特色：花园洋房
项目位置：东莞大朗镇富民大道（长盛广场旁边）

Occupied Area: 91800 m²
Building Area: 250000 m²
Plot Ratio: 2.00
Greenery Ratio: 37.69%
Developer: Dongguan New Century Ming Shang Ju Business and Living Development Co., Ltd.
Investor: Dongguan Vanke Real Estate Co., Ltd.
Architectural Design: Guangzhou Hanhua Architects Engineers Ltd.
Landscape Design: Earthasia Design Group
Number: 1992
Project Characteristics: Garden House
Project Location: Dongguan Dalang Town Fuming Street(Beside Changsheng Square)

▶

万科金域蓝湾位于美景大道与富民大道交汇处，地处松山湖高科技产业园东侧，大朗镇的中央地带，距离松山湖中心区域约5km距离、地理位置极其优越。

万科金域蓝湾占地面积约91800m²，整个项目分三期开发，三期户型为两房、三房、四房创新户型，秉承低碳环保理念引进国际6A精装成品家居生活，三期住宅坐拥小区二大主题园林，双向景观，视野开阔。楼高为18~24层，两梯六户，遵循高层低密度及"景观渗透最大化"的原则，采用适度半围合的建筑排布，户户有美景。

金域蓝湾的主会所—蓝湾会馆，这是金域蓝湾的双层豪华会所，包括健身房、乒乓球馆、桌球馆、练琴房、益教中心等，功能非常齐全，也是小区的主入口。会所立面为现代风格的建筑，其内部装修采用现代泰式风格，在延续其他金域蓝湾风格的基础上，作了大胆的创新，会所整体抬高，与入口广场之间形成4m多的高差。穿过大厅，1500m²超大泳池展现眼前，喷泉叠水、绿树成荫，都市繁华与社区优雅在此集中体现。

设计三大特色：

（1）园林设计是泛亚国际公司亲自执笔，为热带东南亚风格园林。由三大主题园林组成：一是以水为主题的香缇雅境，有一个高达1200m²的蝶形泳池，不规则的造型宛如一颗翡翠，营造出随意、放松的休闲氛围，配以亚热带名贵树木，是业主最佳的运动休闲选择；二是以运动为主题的椰风广场，"运动不应是在健身房，而是要回归自然"，遵循这个理念，设计师将各种运动设施融入原生态园林里，使住户在运动的同时能呼吸原生态的大氧吧，有"在森林里做运动"的感觉。三是以休闲为主题的香草天空，是一个心情放飞的地方，由一个数百平米的大草坪、景观步道、休闲桌椅组成，简单的快乐往往容易被忽略，小孩子在这里嬉戏，老人家在这里聊天，您和家人将在这里度过快乐时光。三大主题由自然水系贯穿，配以叠水、人工瀑布，给人移步换景空间感觉。

（2）小区实现人车分流，使业主在小区内更加安全，车行分别由2栋、9栋、26栋入口进入，下到地下停车场，电梯直达入户。

（3）金域蓝湾首层全部采用架空层设计，使小区的通风效果更加良好，同时利用架空层做泛会所，设置一些休闲和娱乐设施，使业主的活动空间大大增加，和蓝湾会馆构成了蓝湾的双会所。

复合地产，楼盘配套，花园社区
Complex Real Estate, Residential Building Facility,
Community With Garden

广州东方名都

EAST MINGDU, GUANGZHOU

原创"尚层别墅"国际精英社区
Originality "Shangceng Villa" International Elite Community

占地面积：18000 平方米
建筑面积：500000 平方米
容积率：2.77
绿化率：80%
开发商：广州创兴集团盈毅地产
建筑设计：广州瀚华建筑设计有限公司
户 数：3000 户
项目特色：花园洋房
项目位置：广州增城广园东与新塘出口东洲大道交汇处

Occupied Area: 18000 m²
Building Area: 500000 m²
Plot Ratio: 2.77
Greenery Ratio: 80%
Developer: Guangzhou Chuangxing Group, Yingyi Real Estate
Architectural Design: Guangzhou Hanhua Architects Engineers Ltd.
Number: 3000
Project Characteristics: Garden House
Project Location: Cross of Dongzhou Avenue at Xintang Exit and East Zengcheng Guangyuan, Guangzhou

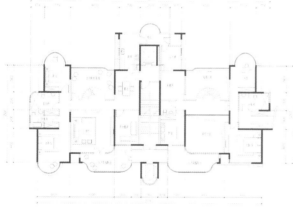

9 座 01 单元空中别墅上层、02 单元下层平面图

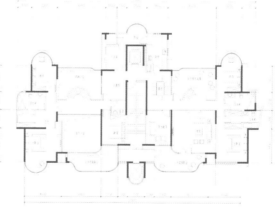

9 座 01 单元空中别墅下层、02 单元上层平面图

5、7 座 03、08 单元 123m² 平面图

　　东方名都作为超大型高尚社区，公园式园林绿化、五洲水榭坡地互动园林、私家双泳池、5000m²水上蓝钻私家会所及全架空层泛会所，国际双语幼儿园、国际风情商业街和大型体验式SHOPPINGMALL等等，创兴盈毅地产将不惜重本把东方名都倾心打造成"广州东部新城市中心地标式国际精英社区"、"新新塘城市的居住名片"。

　　首期首创半围合弧形组团式布局，汲取广园东豪宅建筑精华，融合现代的流线设计，构筑形成现代时尚而高雅尊贵建筑立面，同时，采用二梯一户及一梯二户设计，户型上更开创了"上层别墅TOP-HOUSE"空中立体空间，首创"超大立方米"立体户型设计，引入了观光电梯、私家电梯厅、空中入户阳光花园等创新的设计。

　　由3000余套原创"上层别墅TOP-HOUSE"的高层建筑组成，糅合错层、跃式、复式的空间设计思维，开创"几何复合空间"。现代主义的精美建筑，公园式花园绿化，拥有五洲园林、巴里岛泳池、水上蓝钻会所、体验式SHOPPINGMALL等生活元素。

　　目前在建的北区将建成27栋高层洋房，首个组团建成9栋住宅，包括3栋15层错层洋房、4栋23–27层洋房和1栋公寓、1栋29层复式"楼王"。

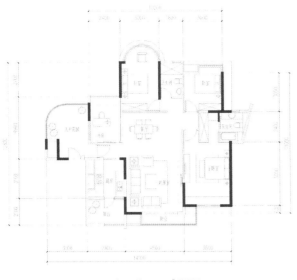

5、7座 02 单元 142m² 平面图

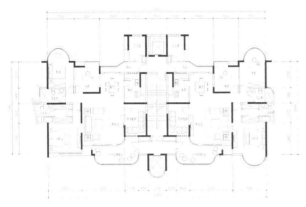

御园 8 座 0102 单元平面图

复合地产，楼盘配套，花园社区
Complex Real Estate, Residential Building Facility,
Community With Garden

广州富力城

R&F CITY, GUANGZHOU

融会中西的欧洲小镇
Chinese and West Mix European Town

占地面积：385560 平方米
建筑面积：5116714 平方米
容积率：2.25
绿化率：32%
开发商：广州富力地产股份有限公司
建筑设计：汉森国际·伯盛设计集团
户数：4785 户
项目特色：景观居所
项目位置：广州市白云区广花路东侧

Occupied Area: 385560 m²
Building Area: 5116714 m²
Plot Ratio: 2.25
Greenery Ratio: 32%
Developer: Guangzhou R&F Properties Corporation
Architectural Design: HS Arch International . Bosheng Design Group
Number: 4785
Project Characteristics: Landscape House
Project Location: East Guanghua Road, Baiyun District, Guangzhou

广州富力城坐落于广州白云区平沙地段，位于机场高速公路平沙站出口处。该项目地块东邻新机场快速干线，西靠广花公路，是新机场沿线首个大型综合性楼盘。

项目总占地面积 380000 多 m^2，其中住宅宅面积 475408.7m^2。小区共分南、北两期开发，规划户数达到 4785 户。其中南面首期规划 43 栋 18 层小高层，面积 75m^2–140m^2，户型由二房至四房不等，楼宇首层架空，为十八层小高层，每户均有入户花园，有部分单元采用跃式设计，项目定位为机场块线上的欧洲小镇，纳天下之美，本项目的最大建筑特色是东西方融汇。

广州富力城是个大型楼盘，总平面规划充分利用土地，楼盘共分九个组团，建筑布局错落有致，组团空间丰富。首层架空绿化，入户花园和室外庭院，相互穿插、渗透，形成温馨舒适休闲的生活空间。项目整体规划将建筑设计、环境绿化和道路系统三者完美地结合在一起，并与原有地形、地貌、植被达成和谐、统一的效果，为住户营造自然、舒适的生活环境。规划上采用自然的村落式布局，配合地中海风情的园林设计，创造亲切怡人的区内尺度；在小区中营造大型的公共开放园林，为居民提供足够大的户外活动空间。南区的用地较方正，因此规划上采用若干个组团小空间围绕中心园林大空间的放射状布局结构；北区的用地呈南北向长条形，因此，建筑基本保持南北向并有

规律地沿中心绿轴展开布置。

　　住宅灵活错落的布局使多数住户有较大的景观视野，户型设计上充分发挥通风和日照的双重优点，前后错开的空间结构，令住户拥有不同景致，享有大于楼距的景深，视野豁然开朗。配合面积诺大的飘窗，设计中迎入充裕阳光，创造出宽大无比的空间感。

　　小区在环境设计中融入了生态思想，建筑形态及绿化空间体现出可持续发展的概念。组团的绿化形态各异，主题也各不相同。曲径通幽，各种树木及灌木高低错落，形成层次丰富的绿化景观。道路两旁种植的灌木和较高的乔木，起到绿化防护、过滤噪声的作用。古典水池配以高大的棕榈树，结合大型的喷泉广场，充分体现出欧式古典园林的构图法则。

　　住宅平面户型组合大小合理，平面布置满足厅房功能要求，手法灵活、多变，使空间布局更趋于人性化。强调空间层次，引入空中花园概念，每户入口设一方花园，配有雕塑、假山、流水墙面等小品，使住宅与自然环境和谐共存，充分体现东方人"天人合一"理念。每户厅房间隔方正，大小适宜，符合市场要求。采用低窗台凸窗，开拓视野，加强采光通风，增加使用面积。

　　住宅立面设计采用岭南亚热带风情的简洁处理手法，立面比例协调、色彩淡雅、造型简洁，独具个性的柱头及塔楼赋予建筑浓郁的东方风情。

　　首层重点处理，运用框架、阳光露台，仿木构件，大落地窗，融入现代建筑手法，使视野开阔，明亮，充满浓郁现代的居家气氛。

　　住宅顶部处理，运用构架外挑及特有的屋台小亭、楼廊，建筑彰显轻灵活泼，通过色彩对比，体形对比细部构架的处理，与首层柱廊、小区庭园相互呼应，相德益彰，增加了不少魅力，真正到达魅力之城的境界。

　　小区在环境设计中融入了生态思想，建筑形态及绿化空间体现出可持续发展的概念，组团的绿化形态各异，主题也各不相同。有以中心花园为中心，周围布置建筑。有以公共建筑为主，庭园、绿化配合。有以湖水为中心，建筑绕着水面，宽阔碧水蓝天，让人心旷神怡。小桥流水，曲径通幽，各种树木及灌木高低错落，形成层次丰富的绿化景观。道路两旁种植的灌木及高大的乔木起到绿化和防护，过滤机场高速公路的噪音，使小区宁静宜人。古典水池配以高大的棕榈树，结合大型喷泉广场，充分体现古典园林的构图的美感。

复合地产，楼盘配套，花园社区
**Complex Real Estate, Residential Building Facility,
Community With Garden**

广州万科天景花园
GUANGZHOU
VANKE TIANJING GARDEN,
GUANGZHOU

东南亚风格与中式园林造景完美结合
Perfect Match of Southeast Asia Style and Chinese Garden Design

占地面积：60000 平方米
建筑面积：160000 平方米
容积率：2.40
绿化率：38%
开发商：广州市万科房地产有限公司
户 数：1500 户
项目特色：花园住宅
项目位置：广州花都区风神大道荔江南路 20 号

Occupied Area: 60000 m²
Building Area: 160000 m²
Plot Ratio: 2.40
Greenery Ratio: 38%
Developer: Guangzhou Vanke Real Estate Co., Ltd.
Number: 1500
Project Characteristics: Garden House
Project Location: No. 20 South Lijiang Road, Fengshen Avenue, Huadu
District, Guangzhou

E1栋标准层平面图

B5标准层平面图

▶ 万科天景花园位于天马河西岸的高尚人文社区，享有珍稀自然风景的同时西临新华镇中心商业圈，坐享优良的教育医疗交通配套。全区人车分流，有大型地下停车库。项目内有约3000m²的商业配套。

住宅以点式或短板式的楼体排布，南北楼距很大，中心花园面积集中。户型以三房为主、四房和两房均有，户户带入户私家花园，通风对流，充分引入阳光。着力打造附加价值高，面积配置合理，功能齐全的精品户型。

天马河"一河两岸"工程的大规模开发，也同时带动了天马河两岸的居住的项目，项目规划为东南向望河面开阔，长达近300m，天马河国际公园景观一览无遗。小区内园林以现代东南亚风格与中式园林造景手法的完美结合，拥有近2000m²的泳池和水域。加上架空层泛会所设计，营造出一个健康缤纷的小区生态环境。

复合地产，楼盘配套，花园社区
**Complex Real Estate, Residential Building Facility,
Community With Garden**

广州万科云山
GUANGZHOU
VANKE YUN MOUNTAIN.

南加州风情山居社区
California Style Mountain Features Community

占地面积：130000 平方米
建筑面积：170000 平方米
容积率：1.50
绿化率：33.60%
开发商：广州市万科房地产有限公司
建筑设计：广州市景森工程设计顾问有限公司
户 数：1405 户
项目特色：公园地产
项目位置：广州市白云大道北

Occupied Area: 130000 m²
Building Area: 170000 m²
Plot Ratio: 1.50
Greenery Ratio: 33.60%
Developer: Guangzhou Vanke Real Estate Co., Ltd.
Architectural Design: Guangzhou Jingsen Engineering Design Ltd
Number: 1405
Project Characteristics: Garden Real Estate
Project Location: North Baiyun Avenue, Guangzhou

　　本项目位于白云大道北（永泰立交北行约2km处），毗邻城市副中心白云新城和白云国际会议中心，并坐落在白云风景区内，紧邻南湖风景区，环境舒适。项目自然资源丰富，东眺连绵凤凰山脉，南临面积约130亩的市政规划山体公园，形成"园在山中、山在园内"的山景居住模式。

　　设计以南加州风格为蓝本，将南加州阳光、休闲、自然的居住感受融入建筑实体，15栋小高层及高层洋房与自然景观和谐融合，营造了一个依山、低密度、高品质的南加州风情社区。项目内规划东西贯穿500m的中轴纵深南加州风情园林，营造多角度的景观视野。项目主力户型以90m²的三房两厅为主，有部份120m²-140m²的大户型及80m²两房户型。

　　周边大自然赋予的86700m²山体公园，延绵长达数公里的凤凰山脉，怎样把这么美好的自然景观最大化地纳入到该项目视野当中，使得幢幢有景，户户看山，是设计师重点要考虑的。因此，规划设计通过建筑错位、点线结合来实现。单体设计采用旋转一定的角度，优化平面布置，来满足各户型的通风、景观要求。该区域常年降水量1739mm，潮湿系数0.78~1.42，湿度中等偏高，常年风向以东南风为主。在这样的气候条件下，建筑设计考虑与园林景观相结合，采用架空首层的方式，减少湿气对首层住户的影响，争取更大的架空活动场地和绿化面积来提升小区的品质。

F1、F2 栋标准层平面图

C1、C2 栋标准层平面图

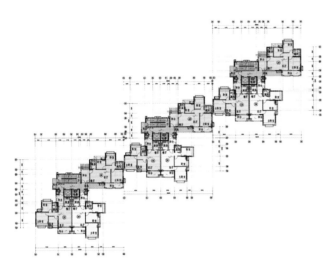

C3、C4、C5 栋标准层平面图

复合地产，楼盘配套，花园社区
Complex Real Estate, Residential Building Facility,
Community With Garden

广州万科四季花城

VANKE FOUR SEASONS GARDEN, GUANGZHOU

人居典范生态山水小镇
Classical Ecology Living Town

占地面积：500000 平方米
建筑面积：447000 平方米
容积率：1.0
绿化率：38%
开发商：广州市万科房地产有限公司
建筑类别：多层、小高层、情景洋房、Townhouse
户　数：3900 户
项目特色：花园洋房
项目位置：广州白云区浔峰洲路八号

Occupied Area: 500000 m²
Building Area: 447000 m²
Plot Ratio: 1.0
Greenery Ratio: 38%
Developer: Guangzhou Vanke Real Estate Co., Ltd.
Building Category: Multilayer, Middle-height Building, Landscape House, Townhouse
Number: 3900
Project Characteristics: Garden House
Project Location: No.8 Xunfengzhou Road, Baiyun Distrcit, Guangzhou

▶

项目地处广佛都市圈核心，位处内环经济圈西北辐射线延伸区域，距离广州市商业中心荔湾区上下九7km，距离广州市行政核心区10km，车程在15分钟范围之内。四季花城周边有1090000m²的生态公园，小区自身自然山水景观是项目得天独厚的优势，六山三湖相互贯通，伴城湖、天雨湖与提香山、影月山交互成辉。整个小区的交通流线以"湖畔花街"为主线。它不仅是主要的交通流线，也是由一系列小广场联接而成的活动带，如同南加州的"威尼斯海岸"。住宅类型有多层、小高层、情景洋房、Townhouse，创新产品特点有情景洋房、八角形卧室、带阳光室、"五合一"功能房。

总体规划宗旨：迎合广州人的"喜山爱水"，以山水文化为主题进行规划，达到移步换景，山水相融的效果。500000m²的生态梦想—还原山水。尽量保持原生态的山水资源，而改动房屋的摆放，使其更为合理，为居住者争取最大的优势。整个小区共规划了3900户住户，业主通过组团与组团间的多条过道，包括湖面上的过道，走到任一组团的时间不会超过15分钟。

区域空间规划优势：一心二带三片六区

一心：为位于金沙洲大桥桥头两侧的现代化商贸金融中心和文化娱乐中心；二带：沿江绿化带；三片六区：利用北环高速公路、广佛公路及金沙大桥等有利条件，结合自然地形差异和道路骨架形态，划分六大区间。一类居住地主要集中在西北部，依山就势布置独立式或联排建筑；二类居住用地布置于东南部地势平坦地段，以多层建筑为主，适当分布高层。

社区环境居于自然

楼盘周边有1090000m²的生态公园，山水资源丰富，绝大部分单位都能望到山景和湖景，自然山水景观是小区得天独厚的优势，六山三湖相互贯通，经过规划后，一条东西走向的湖边栈道把地块分为南北两大块，北面为若干座小山和三个连通的湖泊，其中一座小山规划为山顶公园，其他小山规划建环山的Townhouse和情景洋房，西侧地块将建多层洋房和小高层。南面地势较为平缓，规划建多层洋房组团，沿湖边也规划了一列情景洋房。

创新产品受欢迎

万科四季花城拥有亲地围合、实用率高、通风采光好的多层洋房。层层退台，户户有花园或露台的情景洋房。顺应山地坡形设计，与地面自然相融的万科V-HOUS系列，是与别墅相媲美的高品质住宅；位于至高点的美筑系列，一梯两户设计，105-122m²阔绰户型，南北通透。这些出现在四季花城中的产品都属于市场上的经典户型，每次推出都受到买家的追捧。

情景洋房

万科地产的专利产品，类似于联排别墅，采用了"退台式"设计，层高四层，采用一梯两户设计，其中首二层为平层单位，三四层是复式设计。其中首层单位带有一个40~50m²左右的半下沉式地下室，有完善的通风、采光位，增加住户与自然环境的融合与交流，其实用性较强，让人感到相当实惠。顶楼则增加200多m²的屋顶花园。

复合地产，楼盘配套，花园社区
**Complex Real Estate, Residential Building Facility,
Community With Garden**

广州万科四季花城七期
CITY NO.7 PHASE, GUANGZHOU
VANKE FOUR SEASONS FLOWER

人居典范花园小镇
Humanity Living Model Garden Town

总占地面积：500000 平方米
总建筑面积：447000 平方米
容积率：1.0
绿化率：38%
开发商：广州市万科房地产有限公司
建筑类型：多层、小高层、情景洋房、Townhouse
户 数：3900 户
项目特色：花园洋房
项目位置：广州白云区浔峰洲路八号

Total Occupied Area: 500000 m²
Total Architectural Area: 447000 m²
Plot Ratio: 1.0
Greenery Ratio: 38%
Developer: Guangzhou Vanke Real Estate Co., Ltd.
Building Category: Multi-storey, Middle-height Building, Teyisihouse, Townhouse
Number: 3900
Project Characteristics: Garden House
Project Location: No.8 Xunfengzhou Road, Baiyun District, Guangzhou

广州四季花城项目位于广州与南海的交界处，毗邻广州西部金沙洲，西、北、南三面紧接南海，东与广州白云区罗冲围隔江相望。

本设计方案努力营造小城镇的感觉，创造出街道，广场，组团庭院等不同空间形态，促成人们进行自发性的社会活动，引领人们进入富于激情的和睦邻里社区！四季花城7期通过一条横贯地块的主轴线—入口缤纷广场、亲子广场和休闲绿化带将各住宅组团有机的联系起来，创造了商业、娱乐及公建与绿化融汇成的绿色轴线，贯穿小区，形成一道重要的景观。整个规划与四季花城融合在一起。小区布置了新情景洋房、多层围合住宅、小高层住宅、高层点式住宅和板式高层住宅等多种产品，满足不同生活模式的需要。小区还提供充分的居住配套，给住户丰富动人的环境空间体验。

居于和谐社区，享受健康生活

New Town 不同于一般意义上的现代城市，它更加适合人们居住：

混和社区—借助新市镇的规模，引入商业、服务、休闲、娱乐等成熟便捷的生活设施，将生活、工作、购物融为一体，体现成长型社区自我完善的特质。

街区开放—新市镇主张公共空间的开放性，通过社区道路的合理布局，保证人性化的步行空间，让居民轻松便捷的享用社区设施。

邻里交流—新市镇提倡增强邻里交往，在组团庭院、公共绿化、商业会所等地开辟多种自然、轻松的交流空间，倡导和谐的社区氛围。

万科四季花城七期示范区是已经阔别市场一年多的多层洋房产品。近一年多来四季花城一直以小高层洋房和V-House产品为主打，七期重现了稀缺的一梯两户多层洋房。七期延续了"六山三湖"的自然景观，并拥有独立的第三会所、园林游泳池等；而散布在组团之间的广场、组团内的园林、一层单位的私家花园等，又构成了另外的休闲层次，全方位地满足业主的休闲需要。

样板房一楼单位附带个性鲜明而独具创意的地下室，约50m²的地下室自然通风，采光良好，带有约25m²的复式花园，非常实用，可以做藏酒室、储物间、健身房、影音厅，甚至可为孩子建成游戏天地。多层洋房顶层单位附设的坡屋顶阁楼更具特色，是一个充满想象的空间，可发挥居住者的无限创意，居住空间成倍增加。更有带天台花园和露台花园的花园洋房。

本期的多层产品主要有多层洋房、情景洋房和类情景洋房，均为万科成熟产品。其中大部分是稀缺的一梯两户的产品。其中多层洋房主力户型为精品两房、舒适小三房、豪华大三房，面积75-110m²；情景洋房主力户型为豪华大三房面积110-130m²，实用率高达90%。

多层洋房享静室平面图　　　　　　多层洋房享绿林平面图　　　　　　多层洋房享逸境平面图　　　　　　天竹轩情景洋房平面图

复合地产，楼盘配套，花园社区
**Complex Real Estate, Residential Building Facility,
Community With Garden**

广州珠江御景湾

ZHUJIANG YUJINGWAN·GUANGZHOU

意大利风情，新古典主义江景豪宅
Italy Style, New Classicism River View Mansion

占地面积：160000 平方米
建筑面积：360000 平方米
容积率：1.93
绿化率：50%
开发商：广州市珠江湾房地产有限公司
建筑设计：广州瀚华建筑设计有限公司
户 数：1800 户
项目特色：豪华居住区、花园洋房
项目位置：广州海珠华南快速干线瀛洲生态园

Occupied Area: 160000 m²
Building Area: 360000 m²
Plot Ratio: 1.93
Greenery Ratio: 50%
Developer: Guangzhou Zhujiangwan Real Estate Co., Ltd.
Architectural Design: Guangzhou Hanhua Architects Engineers Ltd.
Number: 1800
Project Characteristics: Luxury Living Area, Garden House
Project Location: Yingzhou Ecological Zone, Huanan Rapid Lantau, Haizhu, Guangzhou

▶

　　珠江御景湾位于珠江南航道海心沙岛畔，占地面积为 160000m²，处于广州城市新中轴线中心位置，南依 1km 珠江江岸线，西北拥有"南肺"万亩果林生态圈，东倚瀛洲生态公园和大学城。社区 400m 私家路接驳华南快速干线大学城出口，距地铁三号线海心沙岛出口约 800m。随着地铁三号线和新光快速干线的开通，未来的交通将更具优势。

　　珠江御景湾总体规划源于世界规划大师手笔，崇尚人与环境的和谐、自然合一。以"水"为主题，汇融高贵意大利风情与人文于一体，首创半围合弧形组团式布局，巧妙引入江景资源和保留生态环境资源。汲取意大利古典精髓，融合现代的流线设计，构筑形成新古典主义建筑立面。营造出多层次、多样化的生活、休憩、邻里客厅等空间体系。

　　项目所推产品为一梯一户、三梯两户设计，面积包括 130~330m² 三房两厅至五房两厅户型，均为南北对流，带 270° 环弧落地观景玻璃窗，空中私家花园，观光电梯，还有空中私家泳池，小区内还设有 6000m² 的名会所、20000m² 的意大利风情商业街和室内外恒温泳池。

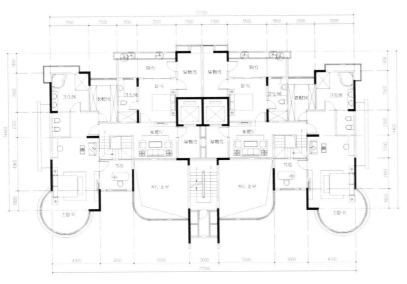

长岛御岸 G1 栋 18 层复式上层平面图

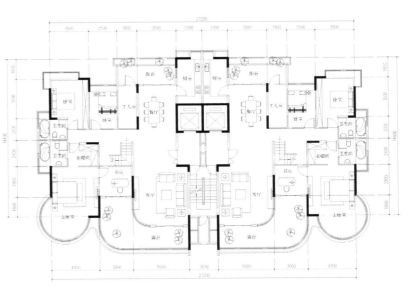

长岛御岸 G1 栋 18 层复式上层平面图

G8 户型南北向 250m² 平面图

御龙轩 E2 座平面图

意大利欧洲经典风情的主题园林，融合了亚热带园林的阳光风情，同时吸纳了威尼斯水城的自由浪漫、佛罗伦萨的文化艺术、拿波利灿烂阳光海岸、罗马的古朴返真。在生态化方面以 100% 绿化的自然主义，使中心主题园林、组团主题园林，全架空景观园林、入户空中花园、天台花园形成多层次立体园林，全情演绎生态生活。

珠江御景湾的第五代豪宅具有不可复制和替代的六大豪宅要素—中央地段、生态环境、自然景观、建筑形态、人文气息和投资价值。因此不仅具有居住价值甚至具有收藏价值。珠江御景湾具体可以概括为"三大价值、三大中心和五大优势"。三大价值表现为：都市生态价值、自然生态价值、人文生态价值。三大中心体现在：区位中心、生态中心、文化中心。五大优势具体表现为：交通优势、建筑优势、配套优势、服务优势、艺术优势。

复合地产，楼盘配套，花园社区
**Complex Real Estate, Residential Building Facility,
Community With Garden**

珠江帝景

ZHUJIANG VIEW

新古典主义人文社区
New Classicism Humanity Community

占地面积：310000 平方米
建筑面积：900000 平方米
容积率：2.89
绿化率：37%
开发商：北京合生北方房地产开发有限公司
建筑设计：中国建筑设计研究院陈一峰工作室
户数：4200 户
建筑类别：塔楼、小高层、高层
项目位置：朝阳西大望路甲 23 号

Occupied Area: 310000m²
Building Area: 900000m²
Plot Ratio: 2.89
Greenery Ratio: 37%
Developer: Beijing Hesheng Beifang Real Estate Development Co., Ltd.
Architectural Design: China Architecture Design & Research Group Chen
Yifeng Studio
Number: 4200
Building Category: Tower, Middle-height Building, High-rise Building
Project Location: Beijing Chaoyang District West Da Wang Road No. 23

▶ 　珠江帝景位于朝阳西大望路甲 23 号，紧邻城市主干道西大望路和广渠路，距离东三环 600m，东四环 800m，集双地标甲级写字楼（与 CBD 的各地标相呼应）、五星级帝景豪廷酒店与会所、酒店公寓、商务公寓、高档住宅、国际双语学校、国际双语幼儿园、五星级商业街、集中式商场于一体。整个社区规划设计主要采用现代手法诠释欧式古典风格，设计古典优雅，融合了纯正的欧式建筑文化内涵，园林景观独具欧洲贵族休闲风情，是 CBD 超大型国际化、经典、舒适的豪宅社区。

　60 栋中高层新古典主义建筑、150000m² 欧式宫廷水景园林、40000 m² 五星级酒店式会所、4 栋 5A 智能化国际标准写字楼、6 栋五星级酒店式服务公寓、6000m² 阿波罗景观广场、2500m 欧洲风情商业走廊、2500m 公共艺术风雨联廊、100 座唯美雕塑、150 个艺术浮雕、300 条经典廊柱、大幅中轴水景与局部精细丰富的法式园林有机整合，利用微地形变化，形成高低有致、错落共生的真正自然生态环境社区，让闲适的生活情景悠然自得。

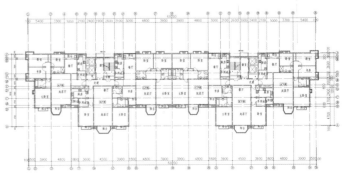

户型平面图 01

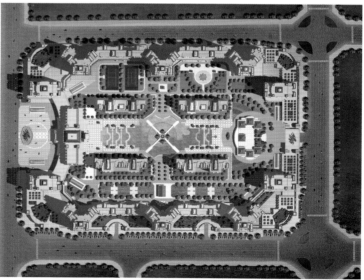

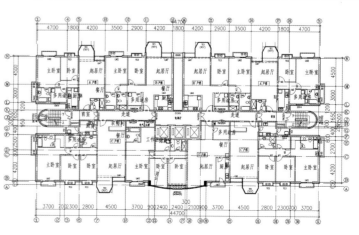

户型平面图 02

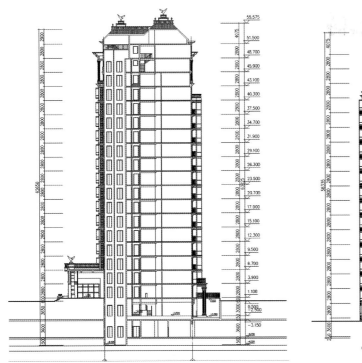

剖面图

轴立面图

复合地产，楼盘配套，花园社区
**Complex Real Estate, Residential Building Facility,
Community With Garden**

国际化花园式现代城市居所
International Garden Modern City Living

占地面积：78000 平方米
建筑面积：300000 平方米
容积率：3.0
绿化率：40%
开发商：浙江金基置业有限公司
建筑设计：深圳华森建筑与工程设计顾问有限公司
户　数：1679 户
项目特色：江景住宅
项目位置：杭州钱江新城钱潮路和富春路的交界处

Occupied Area: 78000 m²
Building Area: 300000 m²
Plot Ratio: 3.0
Greenery Ratio: 40%
Developer: Zhejiang J&J Real Estate Co., Ltd.
Architectural Design: Shenzhen Huasen Architectural & Engineering Designing Consultants
Company Limited
Number: 1679
Project Characteristics: River View Apartment
Project Location: Hangzhou Qianjiang New City Qianchao Road and Fuchun Road Cross

J & J CULTURED PLACE, HANGZHOU
杭州金基晓庐

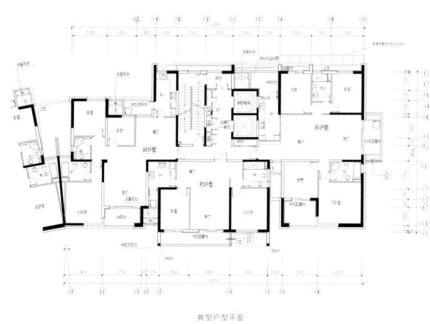

典型户型平面

景观总平面图

▶ 金基晓庐位于杭州CBD钱江新城的核心地段，临近钱塘江与京杭大运河交会口，地处钱江路以南，椒江路以东，富春江路以北，和江干文体中心隔路相望。项目由9栋27-33层的高层住宅、会所、等组成。总体布局对称、均衡而开放，并充分体现庭院的优美和贯通，最大限度地创造各栋住宅的均好性、景观视线和建筑的舒适尺度。金基·晓庐总体建筑风格大气、雅致、和谐，各栋建筑呈浅弧线连接，充分体现沿江CBD风情。

金基晓庐项目在规划概念阶段，通过了众多草案的比较，排布似莲花瓣的主题方案被确定下来。同时确定的，还有从环境到营销乃至标识系统的设计主题，都从"莲"的同一概念深入下去。

在3.0容积率的限定下，规划定位为接近全百米高层的布局。为追求更宽松的居住密度，选择了具有稳定性和均好性的9栋27-33层高层布局，各栋由两至三个单元以浅弧线拼接，共有住宅1679户。正南北向的住宅与三条区外的市政路皆呈角度，避免了对城市景观的压迫感，又在一定程度上降低了城市噪音的干扰。基于江浙居民对日照的喜爱，在布局上着意将对南向的展开面延展至最大。

竖向设计

小区南北道路存在1.3m的高差，而基地比道路略低。住宅的标高设计高于路面1.5m，庭院北高南低倾斜，和应现状路走势，也形成雨水的坡向。我们利用此高差，在设计车库的同时，创造了一个安静的中心下沉庭园。住宅内庭通过景观楼梯、液压电梯与下沉庭园连通，下沉庭园又以下半层的方式与车库相连，负一层的车库因为有了宽阔的下沉庭园而实现了部分采光和通风，有效节省了能源。在小区庭园里，下沉庭园与住宅一层园林自由而有趣地连接，小区边缘的机动车道与庭园分离，互不干扰。结合半地下自行车库的设计，我们还在住宅楼边开设了大小不等的多个采光下沉院落，配合立体的软景设计，更丰富了住宅基座的竖向空间。

建筑立面推敲

经过六轮立面风格的尝试，现代主义的简约风格被确定下来。高层住宅如何融入地域居住文化，是我们着重推敲的出发点。在研究了江浙民居的风格和当地居民的习惯倾向后，我们发现，杭州古老的房子让人感觉舒适亲切，是因为它蕴含着人们习惯和认同的地域文脉。最后，放弃所有装饰以及色彩，追求最质朴和有力的形式，回归到民居的意境，成为立面深化的原则。我们把老房子黑瓦白墙和木窗棂的认知融入设计，以黑白搭配的墙面，优雅的排砖，配合木纹铝合金窗及阳台栏杆，寻找人们熟悉的建筑之沉稳底蕴。

立面上的装饰百页间隔调整也是一次大胆的尝试。15cm的净距在首层看上去很合适，但是到了10层以上，透视效果就显得过密了。25cm净距在高层适合，在首层就会透出后面的复杂构架，无法达到装饰的目的。我们在现场多次实验，最后制定了分段制作不同间隔尺寸的百页，以达到均质的效果。施工完毕，看上去均匀自然，没有人察觉其中的秘密。

复合地产，楼盘配套，花园社区
**Complex Real Estate, Residential Building Facility,
Community With Garden**

VANKE JIN YU HUA
TING, FOSHAN

佛山万科金域华庭

东南亚风情园林，新城市主义豪宅
Southeast Asia Style Garden, New Urbanism Mansion

占地面积：75900 平方米
建筑面积：238900 平方米
容积率：2.40
绿化率：44.24%
开发商：佛山市南海区万科金域华庭房地产有限公司
景观设计：SED 新西林景观国际
户 数：1200 户
项目特色：豪华居住区、花园洋房
项目位置：南海大沥镇博爱东路 3 号

Occupied Area: 75900 m²
Building Area: 238900 m²
Plot Ratio: 2.40
Greenery Ratio: 44.24%
Developer: Foshan Nanhai Vanke Real Estate Co., Ltd.
Landscape Design: Siteline Environment Design Ltd.
Number: 1200
Project Characteristics: Luxury Living District, Garden House
Project Location: No.3 East Bo'ai Road, Dali Town, Nanhai

万科金域华庭，位于佛山大沥新城核心地段，占地70000多 m²，规划约1000多户，秉承万科25年专业开发经验，倾力打造大沥首席豪宅，并以其高品质的产品赢得大沥人的良好口碑。

万科金域华庭规划设计源自于"新城市主义"所倡导的许多独特的设计理念，采用半围合式建筑规划，使社区既具公关开放性，又具私密性。而其极致星级亚洲 SPA 泰式园林，则由 SED 新西林景观国际担纲设计，充分体现了"相地合宜，构园得林"，前庭院、后园林"院、亭"融合一体的泰式园林特色，泰式塔楼、摇曳的棕榈树、高贵的香樟树……所有的细节打造，让居住者入眼皆景，而庭院的水流曲曲折折、高高低低、深深浅浅，在阳光下闪烁着柔和的质感，身临其境，居者俨然看见一座现代泰式皇家风情园林，大气而奢华，精致而幽雅。

入口景观，富丽堂皇，品位高雅

万科金域华庭入口的设计为东南亚风情的主入口构筑物与叠级水景树阵、特色风格景墙、景观水体共同营造了小区主入口的空间。

在设计轴线上考虑到景观的移步异景效果，将树阵、跌水、雕塑结合在一起，以浅米色的景墙为背景，雕塑与水中的倒影交相辉映，整个空间分外通透、清晰。居者通过入口台阶走进泰式景观亭，走出景亭前豁然开朗，显现在眼前的是宽阔的游泳池和远处景亭，一张一弛、一开一合中体现了东南亚风情园林的趣味所在。富丽堂皇的入口景观彰显了高雅和品位，具有纯粹的时代和高品质的精致生活环境，为居者带来隆重的尊贵感和成就感。

泰式风情泳池，于禅心妙境中享受生活

项目水景的展开沿着两条相互交错的轴线进行，一条是从西北角的主入口向东南方向的景观泳池，另一条是入口特色景观亭的景观水景。

1000多 m² 的椰林游泳池、大面积的荷花池、曼妙风情的泰式凉亭。亚洲 SPA 水景的多样形态与原创泰式园林的完美糅合，椰林水影，使园林空间极致灵动。在 SPA 泰式园林的禅心妙境中感悟生活，在宁静闲适的花木园雕中启迪人生。

庭院空间，层叠高低，错落丰富

庭院空间分为三级高差关系，高差分通过对不同的高

差的处理将社区内景观空间层次丰富化并紧凑的结合在一起。通过园路的巧妙设置，四周的组团绿化也和这两条轴线相联系，整个场地在空间上显得丰富多变而不散乱。

而对于庭院空间的植物选择，运用有收有放、错落有致的群落式种植设计手法，乔木密植区域，疏林草坡与绿化开敞空间相结合，并局部做地形的处理。形成葱郁珍贵的绿色帷幔，并营造张弛有度、充满活力及灵气空间效果，在空间上满足休闲性、观赏性、遮荫性等要求的基础上，根据不同的功能要求考虑趣味性和私密性。种植形式以群植、丛植、孤植及列植等多种方式相结合，植物配置需体现多样性、色彩性、季节性、层次性等，结合水景，以开花、芳香和季相明显的植物为主，如大王椰子、海南椰子、凤凰木、小叶榄仁、大叶紫葳、彩纹朱蕉、鸡蛋花、旅人蕉等集中体现泰式皇家园林的幽静和风雅。

当视线通透的安静休闲区、花木掩映之下的小型活动场所时，人们对于异国艳阳、鹅卵石、流水、热带植物乃至所有浓郁的热情及浪漫都将在这里变成现实。

休闲商业氛围，让购物成为一种享受

小区规划临街商铺，围绕整个地块四周，根据四周的规划现状分布不同的商业。临体育场馆一侧规划部分面积稍大的商铺，主要是考虑投资者购买以便经营娱乐、运动相关场馆，其他面也根据生活需要和周边人口状况分布不同种类商业。

商业绿化空间的植物设计需满足植物的观赏性、通透性及引导性，并要营造商业特有的热闹氛围，弱化车辆行驶和视觉的影响，使整个商业气氛更加的独立、完整，通过植物和埋地灯的光效的结合，增加商业气氛。为减弱车行道对商业氛围的影响，设计师设置了3m的绿化隔离带，在乔木的选择上主要以大王椰子、小叶榄仁等观赏性强的树种，草灌木则选择色彩艳丽的时花及常绿灌木金脉爵床、黄金榕、大叶龙船花；在人行道和商业停车位中间，设置了一个1m的绿化隔离带在停车位和人行道之间形成一个绿色屏障，让其互不干扰；同时在绿化带中安置特色的商业广告灯，不但能满足商业照明，而且可以营造出热闹的商业气氛。

构筑物及雕塑小品，画龙点睛，彰显设计精髓

东南亚小品摆设文化特征明显，这些精致的小品摆设容易营造楼盘的品质感。作为审美对象的户外布品设计必须包含与环境、文化、材料、色彩等方面相互协调的因素，必须符合审美主体的审美倾向，与周遍环境充分融合，将整个设计作品的设计精髓传递给居者，这才能真正起到画龙点睛的作用。

万科金域华庭利用特色的景观亭、景观廊架，特色景墙，艺术雕塑和热带风情的种植，制造独特的步移景易的泰式景观效果，并巧妙的把活动，健身场地穿插其中。构筑物及雕塑小品选用亦具有强烈的泰式风情，主入口的风情连廊、列阵孔雀小品、泳池区的红色廊架、庭院中的东南亚廊亭等，将泰式风情传达得淋漓尽致。

万科金域华庭位在景观环境的设计上，设计师将亲和、舒适的人性化设计理念放在首位，充分考虑各年龄段人群的功能需求，营造一个和谐、宜居的生活空间。设计将简约泰式风情引入社区，推崇平和、自然的生活态度和一种舒适、安逸如世外桃源的生活理念，在保证高品质的精致生活环境的同时，也给居住于此的人心灵上的平和、淡然。

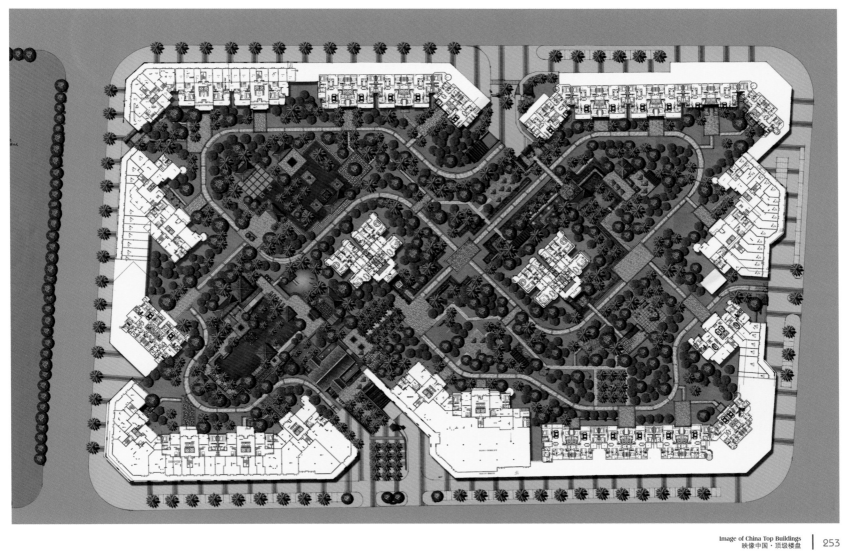

新古典风格科技豪宅
New Classicism Technology Mansion

占地面积：45000 平方米
建筑面积：115000 平方米
容积率：3.30
绿化率：40%
开发商：南京建邺开发集团
建筑设计：华森建筑与工程设计顾问有限公司
景观设计：新加坡柏景园林景观设计公司
户 数：587 户
项目特色：水景居所
建筑类别：板楼、小高层、高层
项目位置：南京白下区鼎新路 88 号

Occupied Area: 45000 m²
Building Area: 115000 m²
Plot Ratio: 3.30
Greenery Ratio: 40%
Developer: Nanjing Jianye Development Group
Architectural Design: Huasen Architectural & Engineering Designing Consultant Ltd.
Landscape Design: Singapore ECOID Landscape Design
Number: 587
Project Characteristics: Waterscape House
Building Category: Slab Floor, Middle-height Building, High-rise Building
Project Location: No. 88 Dingxin Road, Baixia, Nanjing

南京金鼎湾国际

JINDING BAY INTERNATIONAL, NANJING

　　金鼎湾国际占地近 20000m²，总建筑面积约 80000m²，四幢建筑高低错落，建筑层次分明。金鼎湾小区绿地率约为 40%，通过建筑的超高底层架空空间使小区的中心花园与沿河景致相互渗透，融为一体。

　　在建筑风格与建筑造型上，二期将基本沿用一期建筑的格调，使一、二期之间有充分的延续性与整体感，与一期的建筑遥相呼应。金鼎湾区别于将多层、高层、单身公寓等各种建筑形式混杂在一起的"大杂院"式社区，金鼎湾国际的纯板式住宅，从根本上保证了居住人群的层次均衡。从产品设计、配套设施、物业管理到精装修均贯彻纯板式豪宅的定位，打造专属于金鼎湾国际富而好礼的优质生活圈，演绎纯粹高雅的生活格调。

　　3A 住宅被专家尊称为"住宅中的超五星级酒店"和"住宅中的劳斯莱斯"，通过 3A 性能认定，这意味着金鼎湾国际代表了国内最高居住舒适度的住宅标准。建邺开发集团参考欧洲标准，把住宅科技和可持续发展的概念引入住宅设计中，以全面提升住宅性能质量为己任，把新材料、新技术、新工艺和环保、节能相结合，使得金鼎湾国际的综合性能真正以领先科技为目标，引领住宅产业实现质的飞跃。

　　金鼎湾国际，江苏首家国家 3A 级住宅社区。大气豪华的酒店式入户大堂，宽敞舒适的社区环境，精挑细选的植被种类，富有灵气的水景，最大可达 60m 的楼间距，无一不凸显社区的尊贵品质。更重要的是金鼎湾国际联手众多国际知名品牌，聘请意大利著名设计师，对精装修品质精雕细琢，关注每一处细节，用建筑体贴人性。

　　金鼎湾国际在园林设计中亦是同样用心良苦，以西方王室造园工法为精髓，以中国风水学原理为积淀，充分考虑居住者的行为习惯，赋予与其相匹配的尊贵气质，大师手笔，荟萃中西，潜心凝练，为业主打造具有金鼎湾国际独特气质的精致园林。

　　金鼎湾国际在对园林规划精益求精的同时，更注重"绿视率"的作用，社区内配置各类珍稀植物种类，顺应四季的气候变化，使之同业主春夏秋冬的生活规律同步。高达 40% 的绿化率，25% 的绿视率，让园林成为人们生活的外延，展现出雅致情调与尊贵气场。

C4 户型 144m² 平面图   D1 户型 163m² 平面图   D2 户型平面图

复合地产，楼盘配套，花园社区
**Complex Real Estate, Residential Building Facility,
Community With Garden**

华都·美林湾

HUADU WONDER WOODS

筑就风景之上，人居典范居所
Landscape Architecture, Humanity Living Model House

//

占地面积：520000 平方米
建筑面积：470000 平方米
容积率：3.90
绿化率：45%
开发商：华都控股·四川华都置业有限公司
建筑设计：深圳华森建筑工程设计顾问有限公司
景观设计：澳大利亚 BBC 建筑景观工程设计公司
户 数：3600 户
项目特色：宜居生态地产、公园地产
项目位置：成都锦江区成龙大道幸福梅林路口

Occupied Area: 520000 m²
Building Area: 470000 m²
Plot Ratio: 3.90
Greenery Ratio: 45%
Developer: Huadu Holding Share, Sichuan Huadu Property Co., Ltd.
Architectural Design: Shenzhen Huasen Architectural & Engineering Designing
Consultants Company Limited
Landscape Design: Australia BBC A&L Design Pty. Ltd
Number: 3600
Project Characteristics: Livable Ecological Real Estate, Garden Real Estate
Project Location: Crossroad of Xingfu Meilin and Chenglong Road, jinjiang, Chengdu

G4 户型平面图

A5 户型平面图

A9 户型平面图

▶ 华都·美林湾位于成都东南部成都唯一的国家"4A 级风景区"三圣花乡，北靠成龙大道，东临三圣乡政府，西有规划中华西附属医院，南临成都市最大的休闲圣地幸福梅林。项目总占地 160 亩，建筑面积 470000m²，由 15 栋小高层和高层组成，建筑高度 80-100m 的高层为主，缀以部分 40m 左右的小高层。地块周围环境优美，坐拥 200 亩湖景风光、1000 亩自然生态湿地、16000 亩城市绿肺的优越自然环境，成全了其浑然天成的一流全视野风景大盘。项目建成后，将成为成龙大道上的标志性建筑群和"航母级"楼盘。

小区整体采用板式围合的方式，空间向南打开，向东、西、北渗透。中间留出最大面积园林空间，面向石胜路一侧设底商，东北及西北角朝向城市路口打开，东北角结合规划条件设置农贸市场，幼儿园结合庭院布置，环境优美而且可享受空间。整个小区的空间走势为南低北高，并尽量争取朝向幸福梅林的良好景观，充分利用本地基地良好的地理位置。

复合地产，楼盘配套，花园社区
**Complex Real Estate, Residential Building Facility,
Community With Garden**

BAI YUE SHANG
CHENG, DONGGUAN
东莞百悦尚城

包豪斯风格现代生态居所
Bauhaus Style Modern Ecological House

占地面积：260000 平方米
建筑面积：510000 平方米
容积率：1.65
绿化率：57.60%
开发商：东莞市深建房地产有限公司
建筑设计：华森建筑与工程设计顾问有限公司
景观设计：加拿大奥雅园境师事务所
户 数：4000 户
项目特色：花园洋房
项目位置：东莞市南城区东莞大道 666 号

Occupied Area: 260000 m²
Building Area: 510000 m²
Plot Ratio: 1.65
Greenery Ratio: 57.60%
Developer: Dongguan Shenjian Real Estate Co., Ltd.
Architectural Design: Huasen Architectural & Engineering Designing Consultant Ltd.
Landscape Design: L&A Urban Planning and Landscape Design(Canada) Ltd.
Number: 4000
Project Characteristics: Garden House
Project Location: No.666 Dongguan Avenue, Nancheng, Dongguan

▶

　　百悦尚城，位于东莞的中央生态区，北邻政府重点打造的中央生活区，南面为东莞植物园、城市花谷、水濂山森林公园等稀缺生态资源，属东莞"总部经济长廊－东莞大道"稀缺型住宅物业。

　　项目总占地260000m²，总建筑面积510000m²的百悦尚城，计划分四期开发，约30000m²的商业配套，包括集中商业和风情商业街，并配有幼儿园、小学、中学的一站式教育系统。

　　百悦尚城的规划源起于德国魏玛公园，核心就是让人们在充满艺术感和纯生态景观中惬意地生活，让生活解脱压力，让生活回归简单轻闲的本义。建筑设计百悦尚城采用包豪斯建筑理念，创意性的将"方盒子"融入建筑外体，建筑外型硬朗、线条简约，立体感鲜明。

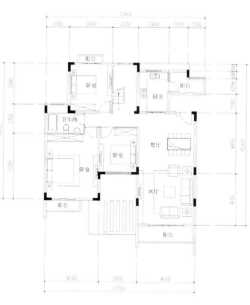

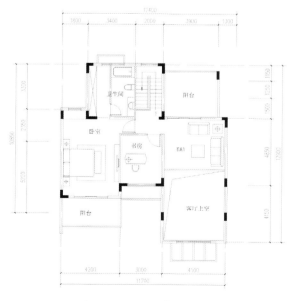

派·公馆 A 户型 180m² 平面图　　　　宽屏美墅 D4 户型 204m² 下层平面图　　　　宽屏美墅 D4 户型 204m² 上层平面图

百悦尚城整体 1.65 的超低容积率，拥有更多的亲地空间、绿地视觉，从而营造良好的居住人文氛围。300 多 m 长、4000m² 的中央景观带呈 "F" 型布局，大小广场、休闲平台的穿插设计，凸显生活功能；开阔的中央水景，营造错落有致、富于变化的活水体系。在草坡设计上更是独具匠心，将感觉突兀的垂直水岸改造成倾心怡人的绿地，让草坡接水自然过渡。

百悦尚城一期以 140–200m² 的水岸美墅和 130–160m² 的花园洋房为主。城市中罕有一梯两户、南北通透的户型布局，让每户的采光、通风与观景达到最优；水岸美墅以宽松的行列式布局及退台式设计，实用率高达 95%，并赠送超大的实用空间。百悦尚城的主力洋房与美墅均临水而建，园林簇拥，整个建筑仿佛融合在绿色空间与水景之中，呈现一幅自然印象的景观画境。

一切缘起于德国魏玛公园的百悦尚城，充分吸取德国风情小镇魏玛的规划设计精髓和底蕴，旨在打造中心城区大型的立体居住城邦。立体居住城邦的理念，来自于百悦尚城丰盛的城市生活元素。德国包豪斯风格的现代建筑、简约流畅的社区环境、开放亲和的公园思想、浓厚纯熟的人文气息、时尚便利的商业街区、从幼儿园到初中一体化的国际教育校区等等，为近 500000m² 的城邦生活，赢得了更多的亲地空间、绿色视觉、风尚场所以及人文氛围。

人们在百悦尚城内外都能拥有良好的视觉景观。风景的肌理由植物群落、独立住宅、自然的篱笆、经过修整的地面、草地和水系、曲折小径等组成。通过借景和藏景把公园及周边的建筑也整合进入绿色空间，成为美丽景色的有机组成部分，使社区与周边居住区域的几何空间关系过渡得更自然。

复合地产，楼盘配套，花园社区
**Complex Real Estate, Residential Building Facility,
Community With Garden**

天津滨海新城

BINHAI NEW CITY,
TIANJIN

现代都市聚合体
Modern City Aggregate

占地面积：65000 平方米
建筑面积：347000 平方米
容积率：4.20
绿化率：46%
开发商：天津滨河快速交通发展有限公司
建筑设计：梁黄顾设计顾问（深圳）有限公司
户　数：1536 户
项目特色：复合地产
项目位置：天津开发区四号路与新城西路交口

Occupied Area: 65000 m²
Building Area: 347000 m²
Plot Ratio: 4.20
Greenery Ratio: 46%
Developer: Tianjin Binhe Rapid Transit Development Co., Ltd.
Architectural Design: LWK & Partners Architets(Shenzhen) Co., Ltd.
Number: 1536
Project Characteristics: Multi Real Estate
Project Location: TEDA Sihao Road and West Xincheng Road Cross

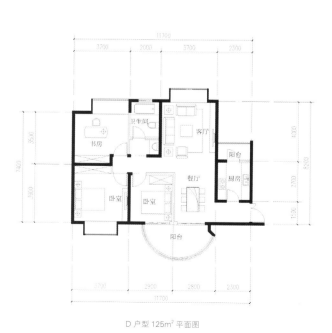

D 户型 125m² 平面图

L 户型 166m² 平面图

H 户型 181.8m² 平面图

　　泰达市民广场集商业、文化、娱乐、酒店、交通枢纽及高尚住宅区于一体的城市聚合体，鉴于一期中心建筑市民文化广场具现代化风格，为使一期跟二期协调统一，整个二期住宅区风格上力求独具雕塑感。高层住宅建筑，开凿形状大小各异的洞口和连通的空中花园，使两排墙式高层变得前后通透，现代感突出。从而让整个泰达市民广场主体建筑与住宅建筑共同融入现代、简洁、几何及明快的建筑形象中。

　　为了打破高层笨重的体量感，高层的平面采取风车型格局，强调四片纤薄的体量。四个独立分离的薄片高度起落有致，再透过外墙铝金属片包裹的直线条，表现出大厦垂直高耸的形态。另外，直立的元素模拟苍劲的树干，从底部往上节节上升，最后在顶层散开为壮茂的分枝作为大厦顶部的装饰，成为该区有特色的地标性建筑。

　　为了配合商业活动的动态，并务求做到标新立异的新颖形象来对邻近现在的食品街的外观作巨大反差，商业外墙采用了不规则三角碎块的几何立体钢架，中间嵌着有图案的穿孔铝板，或是有特色的质感玻璃。考虑到商业主要是云集各国特色的高级食肆，商业建筑内部应有相应的铺面设计。首先是对内部首层、二、三层区街的斜面玻璃墙体，让顾客可以一面进餐一面俯视商业内街的观景和活动。另外斜面玻璃墙体结合帐篷式的金属和玻璃框架，让室内的进餐活动可以伸延到半室外的空间，同时遮挡着偶然下雨或下雪的严厉天气，让商业内部的食品街增加不少生气，带动整体商业餐饮活动的蓬勃。

　　滨海新城项目位于开发区新城东路以西，新港四号路以北，新城西路以东，第一大街以南，是一座融合了商业、商务、住宅、星级酒店于一体的现代型都市建筑群。从规划上看，滨海新城项目总用地面积约 62000m²，总建筑面积 320000m²，分东西两区开发，为 10 栋 31 层短板高层建筑。目前正在开发的西区共有 4 栋楼，共 652 户。建筑全部采用首层架空 5.1m 的设计，不仅减少了市民广场商业对住宅的影响，更为业主提供了理想的休闲空间。全地下车库设计，车位比超过 1：1，实现了完全的人车分流。社区周边 1.5m 果岭高差，摒弃传统以栅栏围合的形式。

复合地产，楼盘配套，花园社区
Complex Real Estate, Residential Building Facility,
Community With Garden

东南亚风情，滨海现代社区
Southeast Asia Style, Binhai Modern District

占地面积：47095 平方米
建筑面积：183286 平方米
容积率：2.50
绿化率：38%
开发商：三亚昌达房地产有限公司
建筑设计：深圳市建筑设计研究总院有限公司
户 数：865 户
项目特色：水景地产
建筑类别：板塔结合、高层
项目位置：海南省三亚市迎宾大道月川桥北侧

Occupied Area: 47095 m²
Building Area: 183286 m²
Plot Ratio: 2.50
Greenery Ratio: 38%
Developer: Sanya Changda Real Estate Co., Ltd.
Architectural Design: Shenzhen General Institute of Architectural Design & Research
Number: 865
Project Characteristics: Waterscape Real Estate
Building Category: Mixture Building, High Building
Project Location: North of Yuechuanqiao Yingbin Avenue, Sanya, Hainan

三亚山水天域
SHANSHUI TIAN YU, SANYA

项目特色及定位

　　站在国际热带海滨城市—三亚的肩膀上，现代风格的建筑生长在山、河、海环抱中，拥有多种自然景观，以独特的建筑智慧，将地段优势发挥极致，精心打造高端滨海社区。

　　地标性的建筑造型彰显社区的国际性，最大化展现内外部景观资源的基地规划体现了独具的海滨风情和热带景观特色。

项目区位概况

　　基地位于迎宾路上，紧邻三亚河，西南面临月川桥和市政公园，北靠金鸡岭。本项目基地属新建城区，地势平坦，周边市政路已建成。地块近看三亚河，远眺南海，独瞰绝佳自然海景。

规划设计

规划原则：

唯一性——打造成中国乃至全世界独一无二的旗舰性项目；

国际性——地段定位和项目引进的要求，必须具有高标准和广泛的影响力，体现国际性大题材；

公共性——所有的人均能享受的滨水空间和主题庭院乐园，具有良好的可达性；

主题性——地段各功能区片应当具有相对协调的特征；

开放性——开放的空间格局和景观架构，高标准的环境建设要求；

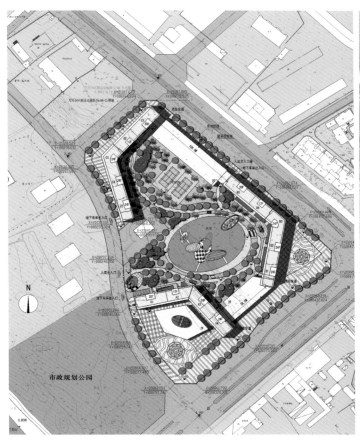

市政规划公园

▶

标志性——树立标志性的形象特征，三亚湾建筑最重要的标志点。

景观最大化，花园最大化，让最多住户享用优美的景观资源。结合基地紧临三亚河、可远眺南海的优势，以景观为主导是为规划布局之出发点，外部借景与内部造景相益配合，绿色与水景为主题，充分构筑住宅社区内诗情画意的意境，为现代人营造一个高雅、宁静的生活氛围。

（1）总体格局

三栋 L 型建筑沿地块周边巧妙布置，为每户争取最大的视野及采光面，绝大多数住宅拥有东南与西南向，内部则留出最大的空间营造热带风情园林，小区内部空间由此灵动生趣。这样的建筑群体戏剧性地围绕在中心大景观旋转、舞动，充满着韵律、节奏及视觉层次感受，特别是山，河海保持和谐关系。

（2）空间形态

建筑整体的退让和断开使得这一组建筑群成为这一区域的标志性建筑；沿街部分局部高起和开洞体现了城市门户的形象，立面上间接现代的处理手法更体现了三亚市的活力与朝气。

（3）建筑风格

建筑形式应具有极强的现代感，同时体现热带建筑形式特征，建筑高度和建筑之间的体量关系必须符合规划控制要求。建筑色彩以清新明快的浅色、暖色调为主，鼓励使用生态、节能的自然及地方材料。

（4）视廊

重点控制从月川桥看标志性建筑建筑群的视觉通廊，防止建筑物、构筑物对视线的遮挡。规划区域内部应

C3 单元 4-24 层平面图

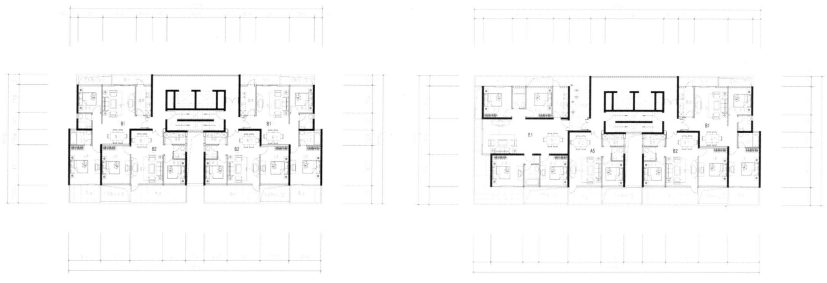

B2、C2 单元 16~24 层平面图

A1、B5、C1 单元 4~24 层平面图

结合开敞空间或建筑布局，营造多条自岛屿内部向海、向港的视觉通廊。"显山露水"是我们设计的总原则，保证视觉走廊的畅通，保证自然景观格局的完整。

（5）景观

强调生态，注重环境，尊重现状资源，在景观空间塑造上，结合各种要素，合理穿插组织，形成主要人文景观带、次要景观带、商业景观节点、住宅组团景观节点"山""河""海"景观之间点线面相结合的景观结构。

以"滨海特色，重返自然"为主题。东南亚风情的造景手法将规划的大空间演绎为生动、有趣、多变的景观场所，独具特色的小品、雕塑给予住户异域的生活情境。水是主要的造景元素，结合小岛、沙滩及棕榈树，创造"生活慢慢、日子暖暖"的滨海休闲气息。小区内实现全步行，整个景观系统由地下车库延伸至建筑顶部，有机的景观序列依场地展开：生态车库、架空层景观、公共景观花园、庭院景观、入口景观大堂、空中花园、入户花园、屋顶景观……沿着回家的路线，室内外自然美景无微不至地跟随着、关怀着。结合建筑的巧妙布局，区内绿色的恬静居住环境，与大自然融为一体。车库出地面的风井设计也体现了景观的细节关怀。

地段内的绿化景观设计，应充分考虑三亚作为热带海滨风景旅游城市的要求，选用具有热带特色的树种（椰树、棕榈树等），体现热带滨海城市特征。

强化各条通海廊道两侧的树木种植，高大树木与低矮灌木、花卉及草坪共同形成层次丰富的宜人绿化环境。

交通组织

小区主入口设在西南面规划路上，东北向设置小区辅助车行道与人行道入口，主入口处留出地面临时停车位，方便访客或特殊情况停车需要。小区内部实现了完全的人车分流，动静分区。

日常机动车仅限在入口广场地带接送客人或直接进入地下车库停泊。除消防车外，其他机动车辆不进入小区。

沿地库坡道，私家车直接进入地库，各单元的车位靠各住户底部，可便捷进入地库大堂，乘电梯抵达各单元。

建筑设计

每栋建筑呈现折板形体，形成力量动感。建筑形体突出简洁明快，富有时代气息的现代风格。

住宅外立面全为玻璃幕墙，简洁有力的建筑细部处理着重增加节奏的明快感，超越用户对传统住家的感受。竖向结合水平线角、飘板，于建筑外部形体产生丰富、细腻的阴影效果，减轻高层住宅的体量感。选用中性的建筑色彩，淡雅清新平添浪漫气质。在争取海景的同时，避免西晒，建筑做了水平遮阳板与阳台相互错落，产生丰富的立面效果。

住宅于地面及地库层均设入口大堂，并用景观组织，将户外花园延伸到大堂中。

户型设计

所有户型客厅和主卧都朝向主景观面，采用大面积落地门窗或凸窗，亲临其中，户外美景一览无遗，尽收眼中。在平面布局上，客饭厅的动、卧室的静、以及厨房空间功能区相对独立，互不干扰。户型方整，尺度良好。

空中花园、隔层大露台、入户大花园、观景阳台更不断增添用户惊喜，将室外景观有机地组织于住宅中，仿佛家就掩映在随处可见的花草之中。

TIMES HOUSE, CHENGDU

成都时代豪庭

▶

城市中心 "空中别墅" 高端豪宅
City Center "Penthouse" Mansion

占地面积：70667 平方米
建筑面积：249000 平方米
容积率：4.00
绿化率：33%
开发商：龙茂房地产开发（成都）有限公司
建筑设计：梁黄顾设计顾问（深圳）有限公司
户　数：1049 户
项目特色：城市豪宅
项目位置：成都市锦江区东大街芷泉街段 188 号

Occupied Area: 70667m²
Building Area: 249000m²
Plot Ratio: 4.00
Greenery Ratio: 33%
Developer: Longmao Real Estate(Chengdu) Co., Ltd.
Architectural Design: LWK & Partners Architets(Shenzhen) Co., Ltd.
Number: 1049
Project Characteristics: City Mansion
Project Location: No.188 Zhiquan Street East Street, Jinjiang, Chengdu

时代豪庭占地面积 106 亩，坐拥锦江美景，是成都市内环路上仅有的百亩大地块，占据成都最繁华的商业地带，共由 14 栋高层建筑组成，其中包括 12 幢高品质的电梯住宅楼，2 幢超甲级写字楼，以及规划有双语幼儿园、顶级会所等一系列配套设施，成都地铁 2 号线东大街站的站口紧临本项目，为将来的交通出行提供了更大的便利，亦为项目的升值带来更大的升值空间。

开发商希望将时代豪庭打造成"成都电梯豪宅的标杆"。为成都高端私人打造生活场，让有资本过得与众不同的人获得更为丰富多彩的私人生活圈。正是基于这样的愿望，开发商对时代豪庭的产品有了更深邃的思考。宁可牺牲两栋楼的修建，也要保证中庭 110 多 m 宽的超宽楼间距和 8000 多 m² 的中庭花园及项目外围 7000 多 m² 的集中绿地，尊享三梯四户的豪华配置。175m² 奢华三房更是设独立保姆房，

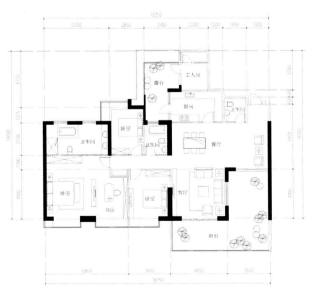

6 号楼 4 单元偶数层 220m² 平面图

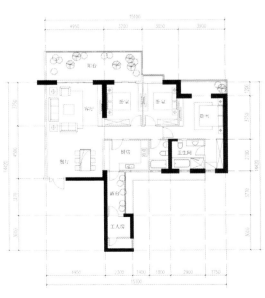

6 号楼 2 单元偶数层 160m² 平面图

保姆房与清洁工作区间相连，细致入微的照顾主人
生活的同时，却将其与主人生活空间严密区隔，最
大限度保证主人生活空间；豪华主卧，朗阔空中花园，
超宽观景阳台，一体化餐客厅、广角豪景飘窗……
开阔格局，让居住于此的人畅想生活意趣。同时九
龙仓对高端圈层生活方式作了全面了解，特邀国际
大师定制了 3000 多 m² 城市高端会所空间。奢华不
只是形式，而是凌驾于生活之上的极致尊享。

项目推出的四期时代尊邸，为整个项目的临江
三栋楼王单位，也是时代豪庭最后的收官之作，紧
邻府南河，临河而居，户型区间从 160-240m² 不等。
其中底层单位为约 200m² 及 260m² 的花园及复式套
三，套四户型，典雅大方的设计，打造宽敞的空间感，
还有约为 220m² 奢侈三房户型面朝府南河景城市稀
缺景观带；另有约为 160m² 舒适三房奢享 8000m²
中庭景观以及 110m 超宽楼间距。

时代尊邸的显赫建筑风格，豪迈逸朗，有近 2.7m
超宽大阳台且采用智能采光设计，树立绿色环保家
居典范。

复合地产，楼盘配套，花园社区
Complex Real Estate, Residential Building Facility, Community With Garden

深圳宏发美域

HONG FA MEI YU, SHENZHEN

地中海风情园林居所
Mediterranean Style Garden House

///

占地面积：48965 平方米
建筑面积：106829 平方米
容积率：1.52
绿化率：45%
开发商：深圳市宏发房地产开发有限公司
建筑设计：东南大学建筑设计研究院深圳分院
户 数：519 户
项目特色：低密居所
项目位置：深圳宝安光明新城公明中心区华发路与别墅路交汇处

Occupied Area: 48965 m²
Building Area: 106829 m²
Plot Ratio: 1.52
Greenery Ratio: 45%
Developer: Shenzhen Hongfa Real Estate Development Co., Ltd.
Architectural Design: Southeast University Architectural Design & Research Institute Shenzhen Branch
Number: 519
Project Characteristics: Low Density Community
Project Location: Shenzhen Bao'an Guangming New Town Gongming Central Area Huafa Road and Bieshu Road Cross

总平面布置图

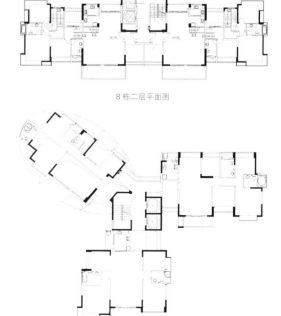

8 栋二层平面图

7 栋 3-13 层奇数层平面图

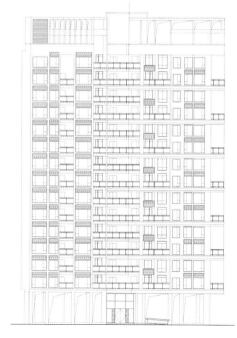

7 栋立面图

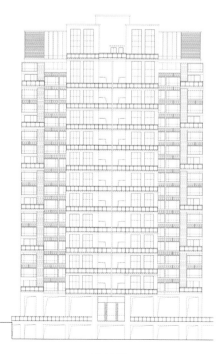

8 栋立面图

宏发美域为宏发地产继宏发雍景城、圣淘沙、宏发领域后集数年开发实力之大成，倾力打造的又一超越之作。项目坐落于光明新城公明中心区华发路与别墅路交汇处东南面，与宏发雍景城临街对望。光明新城为深圳市政府2007-2020年重点建设的四大新城之一，项目占据城市未来发展轴线，雄踞城市中心，生活配套尽善尽美。随着未来主干交通网络的升级、轨道交通线路、广深港铁路城际客运站、中央公园的建成，项目地段价值将更为凸显。

本项目一期开发，整体规划11栋，其中4栋为幼儿园，其它为小高层住宅。户型涵盖2-5房；N+N百变户型设计，灵动空间，写意生活；更有三错层立体空间的楼王单位，创新"空中别墅"级享受。项目以新城罕有1.5超低容积率，为名流精英度身定制传世府邸。近40000m²的地中海风情园林，匠心独运，以优雅的景观铺排出来自地中海的千年仪仗。

总图布局

在用地的西北角十字路口设置小区的形象入口，与雍景城相对应。小区沿交易中心一侧临城市主干道一侧做为小区的形象展示面，通过楼高度的错落形成一种韵律。小区的主要出入口设置在东侧的大田园路上，同时设置小区的机动出入口。通过住宅塔楼沿用地周边布置，使得小区环境空间最大化，通过小区主入口一条主要的景观大道结合形象口的入口广场将小区分成三个既独立又相互渗透的景观庭院空间。在小区中间布置三栋高层点式塔楼，使得户户享受多方向的景观庭园，同时别致的弧线阳台设计又使建筑本身形成一种景观。

ZHONGHAI LITTORAL
NO.1, SUZHOU

苏州中海湖滨1号

意式风情国际滨湖大宅
Italy Style International Lakefront House

占地面积：130032 平方米
建筑面积：230000 平方米
容积率：1.80
绿化率：45%
开发商：中海发展（苏州）有限公司
建筑设计：深圳梁黄顾艺恒设计顾问有限公司
户 数：1000 户
项目特色：复合地产、水景住宅
建筑类别：别墅、多层、高层
项目位置：苏州园区湖东现代大道北、国际会展中心对面

Occupied Area: 130032 m²
Building Area: 230000 m²
Plot Ratio: 1.80
Greenery Ratio: 45%
Developer: Zhonghai Development(Suzhou) Co., Ltd.
Architectural Design: Shenzhen LWK & Partners Architets Co., Ltd.
Number: 1000
Project Characteristics: Multi Real Estate, Waterscape House
Building Category: Villa, Multi-storey, Highrise Building
Project Location: Suzhou Gardens Hudong North Xiandai Avenue, The Opposite of International Exhibition Center

中海湖滨一号，以意大利威尼斯水域的城邦生活场景为原型，借鉴威尼斯城市肌理的水岛式布局，形成独特的异域风情社区，社区整体规划规整性，呈剧院式建筑布局，使得景观资源最大化，尽享无限湖景。

在其他同行发现金鸡湖价值的时候，中海早已成就了金鸡湖畔的主流生活样板。以中海半岛华府、中海星湖国际、中海御湖熙岸及中海湖滨一号为代表的高端楼盘，从点、线、面的整体上，给出了既符合苏州传统水居与院落精神，又容纳欧洲古典情趣的双重生活示范。

前湖后园，宅居雍容。

金鸡湖不仅是中国最大的城市内湖，也可能是最优美的生态栖息地之一。推窗看湖、临水而居，表达了一种至高无上的生活境界，也是不折不扣的江南水乡生活观。中海湖滨一号占据了金鸡湖稀有席位，无可阻挡的傲人视野、剧院式的建筑格局、集合中西所长的园林设计，都注定了它将成为雍容大家的典范。

11号楼南立面图

11号楼东、西立面图

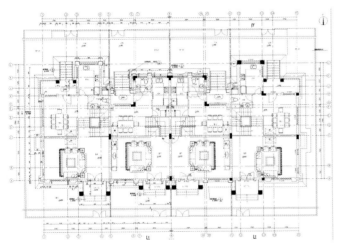

11号楼首层平面图

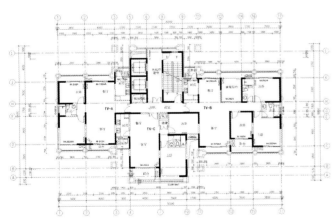

1、2号楼二层平面图

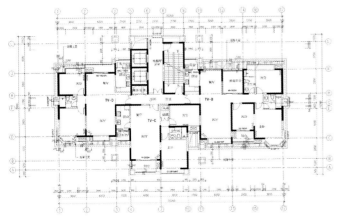

1、2号楼三层平面图

▶

中海制造，第四代产品。

中海专属户型："空中合院阳房"、"枕河宽景洋房"、"意式独院联排"让您感受不一样的景致。该项目作为中海房产的第四代精品典范，融入了建筑专家—中海的众多产品新理念。在户型平面的创新、环保材料的适用、人文环境的营造等各方面都令人耳目一新，创造了苏州人居理念的新篇章。中海湖滨一号体现了中海第四代产品的精髓，致力于将传统的"庭院格局"、"楼台水榭"的柔美韵味，与欧洲形式相结合，创造出当代与古典兼容并蓄，活泼生动而富有亲和力的建筑形态，"空中合院"就是其典型特色。

高层的居住形态，别墅的生活形态。

中海湖滨一号 2 期高空平层别墅，创新性地融合了别墅与高层居住形态的各自优点，打造突破常态的华丽空间体验， 177m² 实用阔绰尺度，扬弃寻常别墅登级之扰，筑造别开生面的俯瞰空间，得享大家雍容。超寻常的面宽进深比，营造了全向景空间形态，入户花园、大露台、直面金鸡湖的八角落地全景式凸窗、飘窗，无不深谙现代人居设计美学，最大限度提升了室内实用尺度和鉴赏价值；非凡的视野与高度，决非寻常高层住宅所能想象。

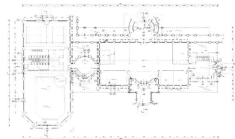

会所首层平面图

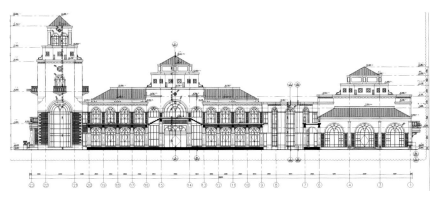

会所立面图

TAIHUA SUNSHINE GULF GARDEN, SHENZHEN

深圳泰华阳光海湾花园

地中海风情园林式度假居所
Mediterranean Style Garden Vacation House

占地面积：110000 平方米
建筑面积：330000 平方米
容积率：2.40
绿化率：40%
开发商：金荣泰房地产开发有限公司
建筑设计：梁黄顾建筑设计顾问（深圳）有限公司
户 数：2195 户
项目特色：景观居所
项目位置：深圳宝安区西乡宝源路和西乡大道交汇处

Occupied Area: 110000 m²
Building Area: 330000 m²
Plot Ratio: 2.40
Greenery Ratio: 40%
Developer: Jinrongtai Real Estate Development Co., Ltd.
Architectural Design: LWK & Partners Architets(Shenzhen) Co., Ltd.
Number: 2195
Project Characteristics: Landscape House
Project Location: Shenzhen Bao'an District Xixiang Baoyuan Road and Xixiang Avenue Cross

▶

泰华阳光海湾花园地处宝安碧海中心区，住宅类型包括高层住宅和多层洋房。在小区内部，多层洋房呈群岛分布，家家门前水系环绕，配合西班牙风格的建筑立面和层层退台的建筑布局，形成了别墅区般的生活氛围。两侧高层楼间距达300m，保证采光与通风的同时，更为业主提供了开阔的视野。园林风格为地中海风格，运用西班牙景观元素，包括水系、拱桥、花砖、陶罐、壁泉等，打造休闲、阳光的自然之地，营造舒适浪漫的生活氛围。

规划设计：我们力求，每一处规划都能看到匠心独具

为了营造适合滨海城区独有的生活气息，我们特意规划了地中海风情园林和西班牙白色风情建筑。"环岛水系"自然地将小区分为两大组团。中部塑造阳光岛墅的度假休闲洋房区—白色罗娜群岛，由21栋5层的花园情景洋房和1栋10F的复式组成；外围阔景HOUSE营造蓝色海湾的休闲区—浮蓝明域，由18-36层高的高层组成，高层300m楼间距，围而不合，多以2栋或3栋相连，既保证了朝向，也给城市提供了一个既完整又通透变化的都市建筑形象。

环水岛居，回归自然的不只是城市

充裕的西班牙阳光和极致浪漫的地中海，营造330000m²的纯静岛居。更以西班牙质朴的白色洋房和环绕社区的潺潺流水，将生活移植到城市之外。阳光岛墅自成体系，依水而建，采用行列式布局，营造异域岛居风情。行列之间又错落成趣，形成街道院落，营造温馨的居家感受。前庭后院，有天有地，城市别墅级生活，彰显与众不同的生活态度和尊崇感受。

园林景观：我们力求，每一处园林都可以聆听地中海

▶

　　阳光海的园林以"休闲度假住宅"为理念，秉承"自然、生态；阳光、舒适；健康、休闲"的思路，将本区设计为色彩温暖明快、空间丰富多样、形成特色的"地中海风情"休闲水景园林。

　　以"澜桥、水岸"为构思切入点，用变化的水带分隔和联系多层住宅区域的高层住宅区域。"澜桥水岸"自然地将小区的高层区分为两大组团和几个小组团，在总图西北角留有一块相当规模的空地容纳大型运动场地，多层住宅区域与高层住宅区域互益共利；高层隔开了城市主要干道与多层洋房区域，多层洋房区域即为高层提供了开阔的视野，又以自身优美小巧的建筑造型成为高层远景中一道靓丽的风景。

　　巧妙灵活，富有趣味的水系设计是园林的一大特色。水系在小区时小时大、时窄时宽、时收时放，曲折、蜿蜒、穿流而过，形成一个完整的景观体系。同时也是小区游园的一条主线。通过对水不同形态的塑造，从而在声音、色彩、光感上形成丰富的变化。并结合一些设施，如亲水平台等增强亲水性。

　　在被水系围绕的中部"岛屿"，精心设计了各具特色的庭院景观。如：中央庭院、下沉草坪庭院景观、雕塑花园等。通过富有趣味的小品设置，园路铺装设计，结合恰到好处的植物种植，巧妙运用框景、借景造园手法，营造丰富多样的庭院空间，不仅增添了游园的趣味性，更使户内外景观形成良好的互动，增强了景观的延伸性。

复合地产，楼盘配套，花园社区
**Complex Real Estate, Residential Building Facility,
Community With Garden**

英式古典建筑风格城市豪宅
British Style Classical Architecture Style City Mansion

占地面积：100530 平方米
建筑面积：146000 平方米
容积率：1.17
绿化率：40%
开发商：中海地产
建筑设计：深圳梁黄顾艺恒设计顾问有限公司
户 数：527 户
项目特色：江景地产
建筑类别：联排、双拼别墅
项目位置：重庆江北北滨一路 528 号

Occupied Area: 100530m²
Building Area: 146000m²
Plot Ratio: 1.17
Greenery Ratio: 40%
Developer: China Overseas Company
Architectural Design: Shenzhen LWK & Partners Architets Co., Ltd.
Number: 527
Project Characteristics: River View House
Building Category: Townhouse, Semi-detached Villa
Project Location: No. 528 Beibin Yi Road, Jiangbei, Chongqing

FRONT ELEVATION

LEFT SIDE ELEVATION

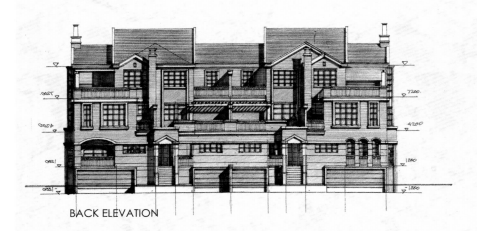

BACK ELEVATION

RIGHT SIDE ELEVATION

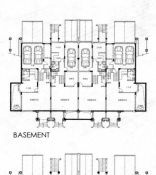

BASEMENT

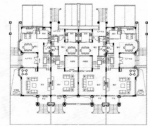

GROUND FLOOR

SECOND FLOOR

THIRD FLOOR

在 17 至 18 世纪，欧洲北部国家的财富与权利不断增长，他们通过贸易及权力影响全球，这时的英国政治制度和工业技术急剧转变，工业革命来临。为了体现他们的权势，诞生了英式古典建筑。在今天的中国同样有着翻天覆地的变化，英国古典建筑风格的重庆北滨路一号就在重庆这个中国西南重镇重生了。

在总体规划中其现有高低起伏的地势为设计带来了机遇，建筑物排列相互交错，高低错落有至，精致多变的屋顶造型，构成了一条美妙的天际线。世界各地高尚住宅均依山而建，从而体现建筑物的气势。

建筑与园林的精妙配合，建筑物以水为中心从各个方向向中央水系蔓延伸展，山、水建筑、园林融为一体，似一幅维多利亚时期的风景画，展示了英式建筑风格的高贵、典雅。

会所在项目的中心及入口位置，其半围合的平面设计，似敞开的胸怀，迎接着人们的到来，展现出他的大气。同时会所也是本案园林中央水系由高到低的汇聚点。园林的中心点，从而使其形成项目的焦点。

它的立面设计充分展示了英式新古典主义的建筑风格高贵、典雅，将传统的建筑风格以现代手法重新演绎，以简化的古典元素符号，如山花、门头等，但并未减少传统建筑风格的豪气，适当引入城市文脉，利用体现英式建筑风格的红砖，及材料的变化使其更加气势宏大。古典建筑穿过时间隧道，至今仍被人们认同，这也是价值的体现。

别墅

儿时，我们梦想居住在豪华宫殿，过着皇族般的生活，今天通过建筑设计这个梦今天实现了。英式建筑灵活的空间，形成其变化丰富的立面，人文的居住氛围，与众不同的精心的设计的精致居所，彰显其豪华品质。

同时在设计上对每个细部设计的执着，如线条、烟囱、门头、花架等细节都体现在建筑物上，而建筑材料上红色的砖，白色的线条，沉稳的基座，配以周边的山、水、绿化更衬托出其高贵的气质，典雅的风貌。

小高层

小高层在项目南区北侧，即别墅的后面，依地形而建，同时也可以远眺嘉陵江。小高层的设计即要延续英式建筑风格，又不能太繁琐复杂，因而在立面设计上简洁，但在细节的处理上如顶部、底部、材料的应用上都显示出其英式新古典主义的建筑风格。

公寓

此项目的公寓长 160m，紧邻嘉陵江边，为了不使其看起来单调，设计上利用地形的变化，采用高低起伏的立面设计，细致的刻画，使每一段变化的内容都很丰富精彩。

其独特的位置优势，重新利用建筑语言打造出来，给人以山体重现的感觉，建筑与大自然更紧密的融合为一体，形成高低起伏的天际线。

建筑风格的延续，与立面高低变化的结合，走在建筑物旁象是行走在欧洲小镇上，仿佛置身中世纪的英国而流连忘返。